城市环境
规划与评估的数字技术

李鹍　著

科学出版社
北　京

内 容 简 介

能源与环境形势的恶化，使得人居环境的相关学科更加注重城市与气候、环境的相互关系，并需要科学和量化的技术手段进行指导。本书在理论层面上介绍城市在环境适应性方面的知识和相关案例，也通过介绍解决城市空间问题的数字技术方法，体现学科的交叉性和研究的前沿性。具体内容分为三篇：第一篇为气候与地形篇，介绍气候和地形在城市发展中对城市形态、空间演变等因素的重要影响；第二篇为环境综合篇，介绍城市中不同类型下垫面的环境适应性特点，总结适宜的城市下垫面设计方法；第三篇为数字技术与操作案例篇，介绍在城市各个尺度的环境研究中所应用的数字技术方法，并给出具体操作案例。

本书适合从事城市空间与环境关系方面研究的科研、教学人员及相关专业的学生阅读参考。

图书在版编目（CIP）数据

城市环境规划与评估的数字技术/李鹍著. —北京：科学出版社，2018.10

ISBN 978-7-03-058764-0

Ⅰ. ①城… Ⅱ. ①李… Ⅲ. ①数字技术-应用-城市-环境-环境规划

Ⅳ. ①X321

中国版本图书馆 CIP 数据核字（2018）第 205440 号

责任编辑：刘 畅 / 责任校对：董艳辉

责任印制：彭 超 / 封面设计：苏 波

科学出版社出版

北京东黄城根北街 16 号

邮政编码：100717

http://www.sciencep.com

武汉中科兴业印务有限公司印刷

科学出版社发行 各地新华书店经销

*

开本：787×1092 1/16

2018 年 10 月第 一 版 印张：13

2018 年 10 月第一次印刷 字数：278 000

定价：88.00 元

代　　序

——城市与气候环境

李鹍从华中科技大学建筑与城市规划学院获得博士学位后，来清华大学建筑学院，在我这里做博士后，博士后出站去了武汉大学城市设计学院任教。他从读博士起，一直从事城市空间形态与气候和地理环境关系的研究，应用数字技术于城市环境规划和评估，这本书是他的研究成果。我把我对建筑与气候的观点，也是我讲“建筑与城市物理环境”课程中的阐述，作为代序。

一、什么是城市

20 年前我在地摊上淘到一本美国的中小学教材《城市与市郊》（*Cities and Suburbs*），图文并茂。一开始就设问“城市是什么？”，又问“城市是有许多人居住的地方吗？”给出两张图片，居住着许多人，但却是乡村；接着又问“城市是有许多高大建筑的地方吗？”又给出两张图片，一张是有高楼大厦的城市，另一张是有高大筒仓和水塔的农场；“城市是有人卖东西和买东西的地方吗？”“城市是有许多人工作的地方吗？”“城市是有政府机构的地方吗？”“城市是有学校的地方吗？”……要求学生回去问自己的父母、邻居，还有邮递员。接着课本中讲道，人不管住在哪儿都需要食物，城市里的人自己不生产食物，而农场生产食物，是从事农业生产的农民把食物卖给城里人。

这就涉及城市的起源和本质了，人类进入“文明”时代的标志一般认同的是城市、文字和金属工具的出现，城市（city）与文明（civilization）的词根相同。而此前的原始社会被称为处于史前“文化”期，文化（culture）与农业（agriculture）的词根相同。

二、城市环境

环境：与主体、主题相关联的“环”，具有空间展延性的事物“境”。

城市环境：主体是人；主题是城市生活，第一位的是居住。

自然环境和人工环境：自然环境可以用地球的四个“圈（sphere）”表示，岩土圈（lithosphere）、大气圈（atmosphere）、水圈（hydrosphere）、生物圈

（biosphere）；人工环境主要是建筑与城市设施，还有交通、水利、工业设施等。

在古代，主要是自然环境影响和制约人工环境，但随着人口的增长和人类物质活动规模的膨胀，人工环境已经并日趋强烈地影响着自然环境。

自然环境中对建筑与城市影响最大、最直接的是发生在大气圈中的气候（气象）变化，即气候环境。

从建筑和城市的年代（以百年计）来看，气候的时空特征是：长时间尺度统计的稳定性，以年为周期，某一确定的地方有其自身的气候参数；地理空间变化的地域性，即不同的地方有不同的气候，这主要是受纬度和海拔的不同，还有地形地貌差异的影响。

因而有学者提出气候分区的理念，有全球气候分区，有国家气候分区。在中国建筑设计和城市规划的规范中，通常将全国划分为 7 个主气候区。

三、气候与文明的诞生

人类文明发展在很大程度上依赖于最近 1 万年以来相对稳定的气候状况。

大自然为人类提供了阳光、空气和水，以及生存所需的其他必要条件。但自然环境也有其严酷的一面：极地气温有时达-40℃，撒哈拉沙漠的某些地区会连续 5 年无降雨。

恩格斯说：“文明既不能从条件过于恶劣的地方产生，也不能从条件过于优越的地方产生。”

尽管一般认为地球上现存人类开始于非洲热带丛林的边缘，然后迁徙扩散到全球各地，但人类文明却是在四季分明的中低纬度地带发展起来，并呈现出多样化的特点。

为什么文明没有在现存人类的发源地产生呢？因为那个地方全年平均气温 29ºC，可以裸体生活，食物来源容易，通过采集和狩猎就可生活，所以“没有斗争，就没有发展”，也就不会产生文明。但人口增加的压力会造成人类的迁徙。

人类的几大文明：地中海南岸的古埃及文明，地中海东岸的巴比伦文明，地中海北岸的古希腊文明，向东是印度河、恒河文明，再向东是黄河、长江文明，跨过太平洋是玛雅文明，都是在北半球中低纬度地带上发展起来的。印加文明在南半球，位于中安第斯山区，纬度较低，但海拔较高，还是温和气候。

四、气候作用于建筑的三个层次

第一个层次，气候因素（日照、降水、风、温度、湿度等）直接影响建筑的功能、形式、围护结构等。例如，韩国济州岛风很大，当地民居为了防止房顶的屋草被风刮跑，用绳网网在屋面上。而印度尼西亚处于赤道静风带，没有大风，但有大雨，空气湿度大，一年四季气温都很高。当地的民居屋顶大、坡度陡，以便防雨；墙板通风透气、室内凉快；底层架空，通风防潮。

第二个层次，气候因素影响水源、土壤、植被等其他地理因素，并与之共同作用于建筑。最明显的是，不同气候下，可以盖房子的材料不同。例如，北欧的气候适宜针叶林生长，挪威的民居、教堂多用原木建成；秘鲁高原湖泊盛产蒲草，当地的印第安人常用蒲草盖窝棚。

第三个层次，气候影响到人的生理、心理因素，并体现为不同地域在风俗习惯、宗教信仰、社会审美等方面的差异，最终间接影响到建筑本身。美国哥伦比亚大学研究建筑历史与理论的教授肯尼斯·弗兰普顿说："在深层结构的层面，气候条件决定了文化和它的表现形式、习俗和礼仪。"希腊在地中海地区，气候温和适宜，人们衣着单薄，神话中的众神与红尘凡人相似，均对人体美持有欣赏的态度，这就逐渐形成希腊柱式建筑以人体比例来构图设计建造的风格。

五、作为"遮蔽所"的建筑

建筑的本原是人类为了抵御严酷的自然气候而建造的"遮蔽所"（shelter），以防风避雨、防寒避暑，使室内的微气候适合人类的生存，同时也有防卫的功能。

衣服是人类抵御气候的第一道遮蔽物、第一道防线，而建筑是第二道防线。正因为有衣服这第一道防线，才给作为遮蔽所的建筑留下较大的宽余度，使建筑形式的变化有较大的空间。

地球上各个地区存在巨大的气候差异，在现代人工环境技术尚未出现的时代，或在现在还未能采用这些技术的地区，建筑为了适应气候，形成了巨大的地区差异。

那么，是否文明的发展就是气候决定的呢？（即19世纪的地理决定论）

美国人类学家罗伯特·路威（Robert Lowie）在其著作《文明与野蛮》（1923年译本）中说：

> "自然条件只决定如此如此的事情是不能有的，如彼如彼的事情是可以有的，但不能规定哪些事情是非有不可的。要懂得如此者何以如此，如彼者何以如彼，必得拿历史来补充。
>
> 可是，单因为一件事合理就去做那件事，这不是人类的天性；倒是叫他去做一件不合理的事，因为一向都是这样做，就比较起来要容易得多。"

事关生存（survival），人类是必定要做的，而只关系到舒适（comfort），人类是可以"将就"的。

建筑这个"遮蔽所"又不同程度地阻隔了自然气候对人有益的作用：温暖

的阳光、充足的光线、新鲜的空气、柔和的清风、美丽的景色……如何在“遮蔽”与“阻隔”这对矛盾中求取平衡，是人类如何建筑“遮蔽所”要重点考虑的，而发展技术措施来解决这个矛盾是推动建筑发展的动力。

为了使建筑中的微气候更加适合人类的生活，人们发展了改善室内环境的技术措施：从原始的生火取暖、点灯照明到现代化的采暖、通风、空调和照明系统。于是，室外骄阳似火，室内凉风习习，室外冰天雪地，室内温暖如春。不管在什么气候条件和气象情况下，都能保障室内的热舒适性。

然而这些是以消耗能源和损害自然环境为代价的。

现代人工环境技术的发展还造成世界建筑趋同化的消极影响，抹杀各地传统建筑适应当地气候的地域特征的多样性。

还有，人类作为一种生物物种，通过遗传习得来适应生活的环境，其时间尺度以千年万年计，而技术的发展一百年来极大地改变了人类生活的环境，这两个方面在时间尺度上匹配吗？人类在自然气候下生活超过万年，如今在百年中就变得如此“舒适”，这对健康有益吗？舒适≠健康。

如果做进一步的思考，技术的急速发展会对（并已经对）人类带来负面的影响，而近年来关于人工智能未来发展的争论，已经到了“机器人是否会控制人类”的层面，这是“技术伦理学”问题。

清华大学建筑学院 秦佑国

2018年6月6日

前　言

随着目前全球经济和科技的全面发展，高度的城市化已经成为一种必然的趋势，但是，这也带来了沉重的环境负担和资源压力。城市中的建筑不断地增高、变密，顺畅的城市通风成为一种奢望；城市居民的进一步集中，大量的人流、车流形成无法承受之殇；城市如同摊大饼式地向外发展，不断吞噬着山岭、树木、水面；夏季炎热的气候，带来了无数的空调机组没日没夜地疯狂运转；而在北方，为了抵御冬季的寒冷，大量的能源被消耗……

这样的现实使得人居环境的相关学科更加注重城市与气候、环境的相互关系，并需要用科学和量化的技术手段进行指导。在城市管理和设计中，城市规划和建筑室外空间环境需要有效的模式和方法，通过相关环境的整合和优化，改善居民的户外感受。尤其是热环境研究，涉及气候问题、建筑材料、生态环境的整合等，因此有着重要的作用。本书将以城市热环境的评估与优化设计为着眼点，提出如何从城市整体上评估环境的状态，进一步了解城市重要节点的实际环境特点，在此基础上整合零散的生态资源成为生态网络、降低城市的热岛效应、改善居民实际户外空间的热舒适度水平，由此提出数字化的评估、分析和解决方法。这对于我国现阶段的城市建设来说有着重要的现实意义。

城市环境研究包含多种问题、多种视角。而城市热环境研究也较为复杂，包含气候、生态资源、城市土地利用等因素，相关研究体现多学科知识的综合应用，属于交叉学科的范畴。本书将聚焦与热环境相关的城市空间环境研究，从城市空间的规划与设计的角度出发，介绍城市各类用地如何进行合理的配置以起到改善环境、提高城市居民热舒适度的目的。

本书介绍在城市环境规划与评估方面的知识和相关案例，并展示解决城市空间问题所能用到的数字技术方法，具体内容分为三篇。第一篇为气候与地形篇，介绍气候在城市发展中对城市形态、空间演变等因素的重要影响。书中详细介绍气候在城市环境领域的概念和尺度，也分类介绍我国不同气候区的特点、气候对城市人居环境的影响因素以及由此形成的街道、建筑形式上的特色。另外，书中也描述不同地形地貌条件下的典型城市，介绍地理因素对城市形态和空间设置方式的重要影响。在这些研究中体现了气候、地形、地貌等因素对于城市空间特色形成的深层次作用。

第二篇为环境综合篇，介绍城市中不同类型下垫面的环境适应性特点，总结适宜的应对城市热岛效应的城市下垫面设计方法，在本书中，城市的下垫面主要分为人工用地和自然生态环境两大类。书中介绍各种自然环境用地在城市中的存在方式以及对城市的有益影响，提出合理设置水系、山体、绿地并与城市结合改善环境的空间设计方法，给出城市人工建造的生态用地如何设置可以更好地改善热环境的建议。另外，提出商务办公区、各种密度居住社区、交通枢纽等城市人工建造环境中，建筑群体和不透水地面的规划状态及改善方法。

第三篇为数字技术与操作案例篇，介绍在城市各个尺度的环境研究中所应用的数字技术方法。为相关学者和政府部门研究复杂的城市空间和环境问题，尤其是降低城市热岛效应方面的问题提供量化的评估和优化策略。在大尺度城市人居环境研究中，介绍 ArcGIS、遥感等“3S”技术的手段和方法，利用空间信息技术解决城市热岛效应的热场结构、地表温度反演和植被覆盖的对应分析；在中等尺度则利用 Phoenics、ENVI-met 等软件研究城区尺度下空间设计过程中所出现的环境问题，尤其是进行合理设置生态资源提高热舒适性的相关研究；在小尺度，则提出了 Ecotect 等软件对建筑室内外空间热环境进行研究。通过上述方式和方法，可以对从大到小的多尺度人居环境进行数字化研究，也为相关领域的从业者介绍完整的数字技术研究手段。

本书受到国家科技基础性工作专项（2013FY112500）、环保公益性行业科研专项（200909018）、国家自然科学基金（51208389）、湖北省教改课题(JG2013043)等项目的支持。本书也是在本人博士论文和博士后工作站期间的研究基础上，对近年来城市环境调查与研究成果的总结。在本书撰写过程中，得到孙九林院士、秦佑国教授、余庄教授、刘曦硕士、蒋思成硕士、甘甜硕士、薛丽莲硕士、王雨晴硕士、李雪飞硕士、丁杰辉硕士、夏婷婷硕士、赵田硕士的大力支持和帮助，在此一并表示感谢！

由于时间紧，加之水平有限，疏漏之处难免，恳望读者朋友批评指正。

作　者

2018 年 4 月

目　　录

第一篇　气候与地形篇

第二篇　环境综合篇

第三篇　数字技术与操作案例篇

第一篇　气候与地形篇

城市与气候是一个永恒的话题，阳光、雨露、降雪都是自然对人类的厚赐。而建筑与城市在气候的滋润和严苛考验中逐渐成长起来，形成多姿多样的风格和特点。正如俗语所说，一方水土养一方人。一个地区的气候与其城市形态息息相关，北京的南锣鼓巷、成都的宽窄巷子、哈尔滨的靖宇街、武汉的汉口同兴里、广州的骑楼，这些都成了这个城市不同于其他城市的名片。

同样的，城市的地形也与城市的形态和气候有着紧密的关系。在平原上建立的城市多采用规整、棋盘式的布局，如古都西安；而处于群山之中的重庆市，则采用的是依山就势的方式，形成了不同于一般城市的屋顶空间和对高差变化的利用；在长江沿岸的城市如武汉，则明显体现了水体对城市的影响，沿江而建的建筑将对水的重视表现得淋漓尽致。因此，适应气候、关注城市所在的地形与地貌，是城市环境研究的起点。

第1章　气候与其构成要素

1.1　气候概述

气候和人类有着紧密的联系。气候问题产生于大气环境中，而人类又时时刻刻生活在大气环境里。人类生活的地球按经纬度不同划分为不同的气候区，而对于同一个气候区来说，气候是较为同一或类似的。如夏热冬冷地区，该区域内的城市都有着较为相似的气候特征。对于这种自然现象，人类是无法改变的，需要建立合适的规划方式以适应当地的气候条件。

1.1.1　气候定义

气候是某一地区多年的天气和大气活动的综合状况。它受到该地区的整体大气环境影响，并反映地表特征的长时间作用结果，因此具有长期稳定性。世界气象组织（World Meteorological Organization，WMO）规定，通过气象参数统计分析确定一个地区的气候特征的最短统计时段是 30 年[1]。气候对一个地区的生态系统和人居环境都有着决定性的影响，是反映地区特征的重要构成要素。

1.1.2　气候对人的影响

多样的气候环境对于人有着非常大的影响，从亚里士多德到孟德斯鸠，很多学者都相信气候对人的身体和气质都有影响[2]：埃尔斯沃思·亨廷顿认为气候与人种继承、文化发展是决定文明条件的三大因素；维特鲁威的著作曾有一篇短文讨论人类声调的高低会随着地理纬度的不同而变化，认为这是人体对气候适应的结果。从这些研究中可以看到，气候主导了一个地区的能量运行和转化状态，是区域环境的内在主体，因此，在该区域内的万事万物包括人，都具有了该气候的特征，并具备了一定的适应性。

由于人的能动作用，城市的规划方式及其建筑形式同样受到了气候的影响。一些有一定历史的城市，人们在长期的适应环境和气候的过程中形成了具有气候特点的城市构筑方式，反过来气候也影响了人们的生活规律和行为方式。例如，在气候干旱炎热地区，城市建筑较为密集且保持较好的通风，让更多的建筑处于阴影里；而在风较大的地区，多采用避风、遮雨的建筑聚落进行组合[3]。因此，在进行现代化的城市规划和设计时，不能忽视气候的重要影响，需要结合各种自然资源和城市的地理状况，提出合理的布置方式。同时也需要考虑利用城市局部地区的微气候，改善城市的热环境。

世界卫生组织提出：世界正面临着自然环境的严重恶化和生活在城市环境中的人们生活质量的加速下降这两大问题，这两大危机是相互联系的，城市化对威胁未来生存的全球环境变化有着重要影响，而生物圈的变化，尤其是气候的变化越来越影响城市的健康和社会状况[4]。虽然人们无法改变气候这种自然现象，但是可以在城市规划中使用适应气候的方法，使城市能够保持较好的热环境状态。

1.2 气候的构成要素

气候是一个长期的概念，反映一个地区多年气象状态的统计结果。主要涉及的气候要素包括太阳辐射、风速和风向、气温、空气湿度及降水量等[5]。在城市研究中，不应只关注地表各类用地的人为规划特点，也应注意到气候给环境带来的重要作用。植被的生长离不开不同地区的差异化气候，城市居民的生活方式、建筑的风格和形式、城市街道的排列等都与气候有着紧密的关系。另外，不同季节、不同地区的气候差异也给城市和建筑的建设提出了适应性的要求。

1.2.1 太阳辐射

太阳光照射到地球表面的各种形式能量的总和，包含直接辐射和散射辐射。很多气候现象也都源自太阳辐射的变化与波动。太阳辐射给人类生存的环境带来了近乎永续的能源，同时，它也是建筑冷热条件的重要影响因素。考虑寒冷时间里人的活动空间能够得到更多的太阳辐射，而炎热时间里人的活动空间得到更少的太阳辐射，两者权衡，并结合考虑其他气象和环境因素的影响，从而可以确定一个小区或者建筑的最佳朝向。

1.2.2 风向和风速

一个城市的常年风向频率对城市规划至关重要，对于不同气候区的城市布局与建筑设计，应该抓住其主要的风环境特点，例如在严寒地区与寒冷地区，应该使建筑或者小区的开口避免朝向冬季主导风向，防止冷空气渗入；在夏热冬冷地区与夏热冬暖地区，则主要需要考虑顺应夏季主导风向，促进自然通风，有利于夏季降温，同时减少污染，提高城市空气质量。

1.2.3　气温

气温是环境冷热感觉的主要参考因素。太阳辐射是影响气温的最重要因素之一，辐射是能量的来源，而气温正是这种能量存在和转移的外在表现形式。研究表明，在夏季，人们感到最舒适的气温是 23～28 ℃,冬季是 18~25 ℃[6]。不同地区有不同的气温，有的过热，有的过冷，对此建筑要求不同。为了能够使建筑的热舒适性更好，需要做出不同的建筑策略与措施来适应一个地区的气温，使建筑尽可能减少使用能源来调节室内外的温度。

1.2.4　空气湿度

空气湿度反映的是空气中水分含量的多少，一般分为绝对湿度和相对湿度，与人们的感受息息相关的是相对湿度。相对湿度在 50%左右人是舒适的，过高或者过低都会让人不舒适，长江以北的很多地区，相对湿度长期低于 50%，在夏季给人的感受是干热，而在冬季给人的感受是干冷，而且会产生静电现象。长江以南的地区则相对湿度较高，例如武汉的相对湿度常在 70%以上，在夏季给人的感受是闷热而潮湿的，在冬季则是湿冷的。因此，对于湿度较高的地区，需要增加通风，降低湿度。

1.2.5　降水量

降水量是衡量一个地区干湿状况的指标。我国南方地区降雨季节多在夏季，降水量大，所以在南方地区大多数是坡度较大的坡屋顶，而我国西北地区则处于较为干旱的地区，降水量较小，基本上是平屋顶。因此降水量将会影响一个地区建筑的屋顶构造、防水设施、防水材料等。对于城市降水量则是考虑地表径流及排水路径的重要参数。在我国严寒地区，还要考虑冬季积雪的影响，积雪是建筑屋面承重结构的重点考量因素之一[6]。

参 考 文 献

[1]　杨柳. 建筑气候分析与设计策略研究 [D]. 西安: 西安建筑科技大学, 2003.
[2]　陈宇青. 结合气候的设计思路 [D]. 武汉: 华中科技大学, 2005.
[3]　林宪德. 绿色建筑[M]. 2 版. 北京: 中国建筑工业出版社, 2011.
[4]　刘新. 合肥市城区绿地系统小气候效应及景观生态建设研究 [D]. 合肥: 安徽农业大学, 2004.
[5]　左力. 适应气候的建筑设计策略及方法研究 [D]. 重庆: 重庆大学, 2003.
[6]　闵莉莉. 川西平原古镇传统民居气候适宜性研究 [D]. 成都: 西南交通大学, 2015.

第 2 章　气候的尺度

2.1　城市气候的研究对象

大气的最底层，与地球表面直接接触的这一部分大气环境，可以称为大气边界层，也是人类和其他生物生存的主要区域。大气边界层直接与地球表面接触，因此与下垫面相互作用、息息相关。不同下垫面，如沙漠、土壤、植被、城市、水面等，有不同的物理性质和对大气运动的动力影响，造成不同的边界层状态，因而受到下垫面的巨大影响是大气边界层的一个重要特点[1]。

为了描述城市表面的各种特征，地理学中建立了“下垫面”的概念，它就是描述各类用地和地表环境的特性，也与人类活动和人对环境的直观感受密切相关。本书在城市气候和环境的研究中，将着重分析下垫面对于太阳辐射、通风环境及热岛效应等的影响，也将研究城市下垫面对气候的适应性规划和设计方法。

气候学研究将靠近城市地表的大气运动层定义为城市边界层。人类建造的密集的居住区、高耸的大楼及绿化公园，都或多或少地影响到城市边界层。Oke首次指出了城市冠层（urban canopy layer，UCL）和城市边界层（urban boundary layer，UBL）的概念，城市边界层的范围是从地面到边界层顶，而城市冠层（又称城市覆盖层）的范围是从地面到建筑物顶层[2]。城市冠层受人类活动影响最大，它与城市规划、布局，建筑物密度、高度、几何形状，街道宽度、走向，建筑材料，空气污染浓度，人为热与人为水汽，绿化覆盖率及水系等因素有关；而城市边界层受大气质量和参差不齐的屋顶热力和动力影响，与城市冠层进行能流与物流交换，并受区域气候影响（图 2.1）；在城市下风向还有一个市尾烟气层，这一层空气中的云、雾、降水、气温、污染物等均受城市中人的行为影响；在市尾烟气层之下为农村边界层[3]。

大气边界层的形成是大气与其下垫面相互作用的结果，在城市区域，由于人类活动的作用，从而和其他下垫面有所不同，形成了自己独特的边界层结构和一些小气候特征[4]。城市下垫面、城市冠层和城市边界层均与城市设计关系密切，是规划研究的主要对象。从大气分层的角度来讲，城市下垫面、城市冠层

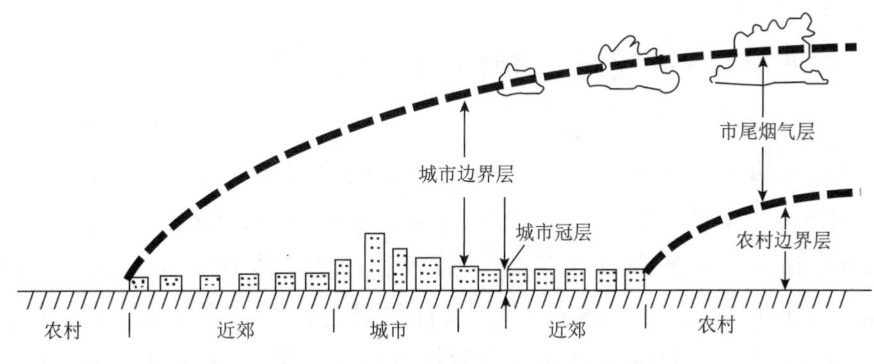

图 2.1　城市大气分层示意图[3]

和城市边界层形成不同尺度的城市气候，城市边界层在大气活动整体的影响下所形成的气候，通常被认为是中尺度气候；城市冠层则形成了局部的小气候，通常被认为是小尺度气候；此外还有各种和城市下垫面类型紧密相关的局部微气候，城市气候及城市热环境等问题的研究对象主要都是这几层所形成的气候。

2.2　城市热环境的研究尺度

城市热环境问题是一个较为复杂的问题，它包括城市气候、生态资源、下垫面分布等多个要素。这些要素相互之间存在互相影响、互相支撑的关系。正是因为城市热环境较差、城市热场的运行情况不理想、城市通风排热的调节功能差，才出现热量积聚的热岛效应。因此，在利用各种技术方法进行城市热环境分析之前，有必要对城市的热环境问题及城市现在的运行状态进行系统和详细的分析。影响城市热环境的因素主要分为三个层次。第一个层面是大尺度范围的城市所在区域气候状况。例如，夏热冬冷区域，包含了我国长江中下游的大部分城市，在这个区域内的所有城市都受到类似气候状态的影响；第二个层面是中尺度范围的城市单独的大气环境状况，以大气边界层的热效应为主，这个层面的热环境状态不仅与和城市紧密相连的大气边界层的大气运动相关，也与城市自身的下垫面组成密切相关；第三个层面是小尺度范围的城市本身的环境状态，主要是研究城市具体各类下垫面的热物理性质和表征热环境好坏的评价指标，主要考虑人对热舒适性问题的感受，从规划角度表达热环境与人居环境和谐与否的关系问题。

城市热环境研究尺度较大，涉及多种学科，需要站在交叉学科的基础上，以多种学科的数字化研究和探测手段进行综合研究。在城市研究中，需要采用保护和利用生态环境的方式，在宏观层面改善城市热环境，提高人居环境质量，以此作为可持续发展的一条重要思路。

2.3 研究方法

在研究方法上，城市大尺度范围的气候研究主要采用 3S［遥感（remote sensing，RS）、全球定位系统（global position system，GPS）、地理信息系统（geographic information system，GIS）］技术和计算流体力学（computational fluid dynamics，CFD）仿真等，3S 技术和 CFD 仿真是较好的热环境研究手段，要注重发挥两种研究手段的特长，并充分发掘其相互关系，使两者成为一个整体的城市热环境研究方法。关注整体性与宏观性，侧重一个城市的各个方面。对中尺度气候进行研究时，ENVI-met 是一个新型且好用的软件，侧重小区街道等中尺度的热环境和风环境。对尺度较小的研究对象，常用 Ecotect、Designbuider 等软件，侧重一个建筑等小尺度的热环境。

2.4 考虑因素

依照气候学观点，地形及下垫面是影响气候环境的主要因素，因此，对城市而言，由自然地形与人工建筑物、构筑物等构成的城市外部空间体系则成为主导城市气候环境变化的重要因素[5]。对于一般大、中型城市来说，城市中的主体是城市不透水面，如房屋、道路、混凝土下垫面等；不透水面当中分布着各种类型、大小、生存状态的植被资源覆盖的区域；此外，还存在如长江、汉江等较大型的江体，如东湖、鄱阳湖等较大型的湖泊。我国大部分夏热冬冷地区的城市处于江汉平原，雨水充足，水体丰富，所以水体表面是夏热冬冷城市下垫面不可忽略的一部分。另外，在城市近郊或是开发较少的地区还存在耕地、无植被裸地等下垫面类型。

城市的绿化、水体等对城市环境能产生积极影响的方面，被称为自然式的积极城市资源。另外，还有人工式的城市资源，主要是一些不利形态的城市外部空间，包括高层建筑密集区、中央商务区（central business district，CBD）、硬化地面等。具体的将在第 6、7 章中详细阐述。

参考文献

[1] 赵鸣. 大气边界层动力学 [M]. 北京：高等教育出版社, 2006.

[2] 王金星, 卞林根, 高志球, 等. 城市边界层湍流和下垫面空气动力学参数观测研究[J]. 气象科技, 2002, 30(2): 65-72.

[3] 杨小波, 吴庆书, 邹伟, 等. 城市生态学 [M]. 2 版. 北京: 科学出版社, 2006.
[4] 何晓凤, 蒋维楣, 陈燕, 等. 人为热源对城市边界层结构影响的数值模拟研究 [J]. 地球物理学报, 2007, 50(1): 74-82.
[5] 王玲. 基于气候设计的哈尔滨市高层建筑布局规划策略研究 [D]. 哈尔滨: 哈尔滨工业大学, 2010.

第 3 章　城市气候现象

3.1　城市热岛效应

城市热环境中的一个重要问题是城市热岛效应。所谓城市热岛（urban heat island）是指城市中的气温明显高于外围郊区的现象。如果做一个城市及郊区的剖面图，以地理位置为横轴指标，以相应位置的环境温度为纵轴指标，可以看到城市区域的温度远高于郊区，就像温度较高的“岛屿”漂浮在周边低温区域。理论上说，只要有城市的存在，就会有热岛效应。目前很多城市面积巨大、人口众多、建筑密集，热岛效应就会非常严重，以至于极大提高了这些城市降温排热的能耗。对于居民生活的影响来说，主要是夏季高温天气的热岛效应降低了环境的舒适度[1]。城市热岛的存在是城市热环境的主要问题。在城市热环境的规划设计中，改善城市热岛布局，缓解热岛效应带来的城市热环境较差和对气候不适应的状况，是研究的重要方向。城市热岛是在城市的结构因素、人为因素和局地气候因素共同作用下形成的，具体包括特殊下垫面性质、城市上空污染覆盖层的存在、人为热污染物及天气形势和气象条件等。

3.2　城市内涝

我国显著的季风气候与地理位置导致国内多水患。同时，城市的地面被大量的硬质铺装所覆盖，导致城市发生内涝的现象越来越频繁、越来越严重，本应成为地下水水源的大量降雨反而成为城市排水的巨大负担。在过去的 3 年（2012～2015 年）中，中国有超过 360 个城市遭遇内涝，其中 1/6 单次内涝淹水时间超过 12 h，淹水深度超过 0.5 m，北京、济南、武汉等城市甚至发生了人员伤亡[2]。

“逢雨必涝”已逐渐成为我国城市的痼疾，与此同时，干旱和缺水的问题也愈演愈烈，边涝边旱的“涝”“旱”矛盾凸显了我国城市雨水利用率偏低的现象[3]。济南 2007 年 7·18 特大暴雨，暴雨持续近 3 h，济南中心城区交通系统基本瘫痪，最糟糕的是位于中心城区的一家地下超市几乎被淹没，致使大量人员伤亡。

2016 年 7 月 2 日，武汉市武昌区周边的 3 个地铁站（梅苑小区、中南路、武昌火车站）均受积水影响暂停运营，城区严重渍涝，地面交通几近瘫痪。

3.3 改善措施

3.3.1 城市通风道

近年来，城市的大规模建设及生活质量的提高使城市建筑更加密集，汽车、空调也不断增多，由此带来的热岛效应迅速增强，城市的排热功能更显不足，光靠城市循环功能已无法有效地排出自身所产生的热量。这从城市与郊区的温差越来越大可以明显地看出来。城市夏季温度居高不下，除了高温等自然因素，很大程度上是因为通风不畅，城市热量大规模聚集却缺乏有效的排热手段。建立良好的城市通风道，一方面可以促进城市内部的空气污染扩散从而降低雾霾的发生频率，另一方面帮助城市排风降温、改善热环境，缓解城市热岛效应，特别是降低夏季高温热浪下的人体不适[4]。

通风道的概念是将一些本来热物理性质较差的下垫面改造为通风排热的廊道，在城市层面对风环境起到良好的改进作用。充分利用一个地区的气候条件和地理资源，在宏观规划层面进行节能改造措施的考虑，改善环境质量，应该成为可持续发展研究的一条重要思路。在一些研究中，通过模拟建立一定数量的“通风道”，在主导风向的影响下，将郊区较低温度的空气通过风的作用引入城市，降低城市密集区的温度，减轻夏季炎热、热环境差的问题，达到节约能源的目的。

3.3.2 海绵城市

为了解决日益严重的城市内涝问题，“海绵城市”的概念应运而生。顾名思义，海绵城市是指城市能够像海绵一样，在适应环境变化和应对自然灾害等方面具有良好的“弹性”，下雨时吸水、蓄水、渗水、净水，需要时将蓄存的水“释放”并加以利用，提升城市生态系统功能和减少城市洪涝灾害的发生[5]。

在过去的几十年间，世界各地纷纷就城市内涝、水质恶化问题展开研究。其中一些重要的研究和实践成果有很好的启示作用[5]：德国是第一个提出“源头处理”雨水径流的国家，并于 20 世纪 90 年代初展开生态化雨洪管理技术措施的应用实践；美国以 1972 年《联邦水污染控制法》提出的最佳管理策略（best management practices, BMPs）为标志，首次提出了要将城市雨洪管理从单一工程化的灰色方式（管网等）向绿色方式转变；2000 年左右，英国和澳大利亚也分别提出了可持续城市排水系统（sustainable urban drainage systems，SUDS）和水敏性城市设计（water sensitive urban design, WSUD）来应对城市水环境问题[6]。从而发现，通过不同国家的探索与研究，并随着成果与措施的不断发展与成熟，生态化雨洪管理正在向源头处理发展，且管理方式不断丰富。

2014 年 10 月，原住房和城乡建设部发布了《海绵城市建设技术指南——低影响开发雨水系统构建（试行）》，提出“渗、滞、蓄、净、用、排”6 种典型技术要素，以塑造城市良性的水文循环过程，全面提高城市雨水径流的渗透、滞留、调蓄、净化、利用和排放能力[6]。海绵城市的建设实施可通过多种技术措施实现，透水铺装、绿地花园、自然水体（图 3.1）、绿色屋顶、下沉式绿地、生物滞留设施、渗透塘、雨水湿地、储水池、植物缓冲带等常见的低影响开发措施作为最基本的单元。规划设计者应针对特定的雨洪管理需求和场地环境条件选择适宜措施。任南琪院士也提出，建设海绵城市要一城一策、因地制宜[7]。

图 3.1 海绵城市措施示意图

3.4 城市通风道典型案例

3.4.1 阿根廷首都布宜诺斯艾利斯商业区

建立城市通风道的原则是因势利导，在现有的气候与资源条件下，在城市自身通风状况的基础上加以引导、改进，建筑密度过密或高层建筑过多都是不利于城市通风的，尤其是在一些城市商业区，应该避免建筑层数过高以及建筑排布过密，更应该采用的是高、低层建筑相结合的方式，可以一部分做成低层建筑或者高层建筑的裙楼，这样既有利于城市通风，对于高层建筑的人流疏散也是有好处的。

阿根廷首都布宜诺斯艾利斯商业区的城市通风改造是一个典型的例子：该商业区有若干条与河流平行的街道，本可以通过河流上吹来的凉风降温，但是由于建筑高度基本相同导致气流不畅，通风效果较差；因此当地优化了城市规划结构，将建筑改为高低层结合的方式，显著提高了河流上的风深入城市内部的能力。

3.4.2　武汉同兴里社区

武汉市汉口老街区里份的布局与城市的主导风向紧密相关。汉口原租界的长街宽度适宜且走向平行于夏季主导风向，可最大程度促进空气的流通，图 3.2 可以明显地看出整个里份的胜利街、洞庭街等平行于长江，这里面分布着同兴里、泰兴里、三德里等社区，众多短窄的巷子将它们连接。例如，同兴里西口位于胜利街，东口在洞庭街上，整条里份与旁边的黎黄陂路和车站路平行。同兴里建于 1932 年，位于当时的法租界，主巷道宽 4 m，共有两层砖木结构建筑 25 栋，房屋排列整齐，居民稠密，社区为典型的“长街短巷”布局，主巷长约 200 m（图 3.3），为东南走向，北至胜利街，南至洞庭街，社区内的住宅分布在主巷两侧，有一条短巷与隔壁的泰兴里相连。这样典型的布局利用夏季的主导风向，极大地改善了居民夏季闷热潮湿的感受。这属于城市街区尺度的微气候现象，是在没有空调的情况下人们借助自然条件改善环境的一种绿色生态方式布局。

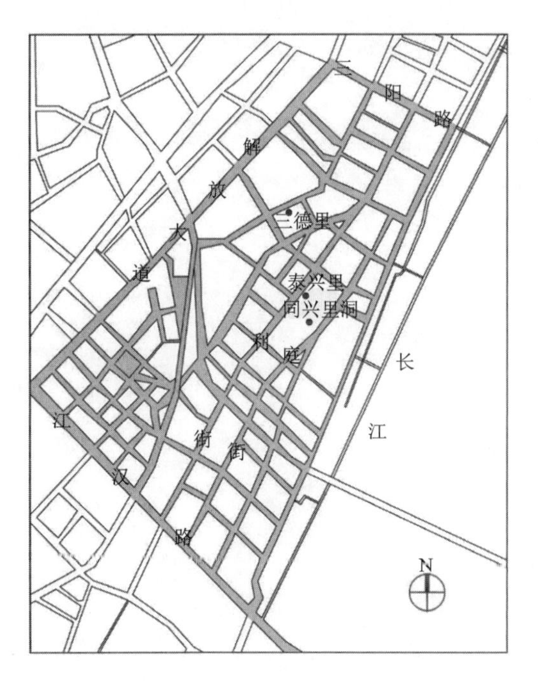

图 3.2　武汉汉口里份街区

图片来源：根据百度地图自绘

图 3.3　武汉同兴里社区主巷

参考文献

[1] 吉沃尼. 建筑设计和城市设计中的气候因素 [M]. 北京: 中国建筑工业出版社, 2011.

[2] 柯善北. 破解“城中看海”的良方:《海绵城市建设技术指南》解读 [J]. 中华建设, 2015(1): 22-25.

[3] 深圳万科园林股份有限公司. 海绵城市与园林景观 [M]. 北京: 中国林业出版社, 2016.

[4] 任超. 城市风环境评估与风道规划: 打造“呼吸城市” [M]. 北京: 中国建筑工业出版社, 2016.

[5] 佚名. 海绵城市在中国的现状与发展 [J]. 上海建材, 2016(4): 33-35.

[6] 曹磊, 杨冬冬, 王焱, 等. 走向海绵城市: 海绵城市的景观规划设计实践探索 [M]. 天津: 天津大学出版社, 2016.

[7] 任南琪. 建设海绵城市要一城一策 因地制宜 [J]. 中华建设, 2017(11): 14-15.

第 4 章　典型气候城市

4.1　严寒地区典型城市：哈尔滨

4.1.1　哈尔滨气候

哈尔滨是严寒地区的典型城市。该市位于东北平原东北部地区、黑龙江省南部，是黑龙江省的省会。它属温带大陆性季风气候，四季分明（4～5 月为春季，6～8 月为夏季，9～10 月为秋季，11 月～次年 3 月为冬季）。春季气候多变，风大而干燥；夏季降水较多，气候适宜；秋季降温迅速，霜冻较早，盛行西北风；冬季寒冷干燥，出现明显的昼短夜长现象。据统计，哈尔滨市全年平均气温为 4.8 ℃，1 月平均气温为–17.6 ℃，7 月平均气温为 23.1 ℃，极端最高气温可达 39.2 ℃，极端最低气温为–37.7 ℃。年平均降水量 537.9 mm，降水主要集中在夏季，具体气象数据见表 4.1。

表 4.1　黑龙江省哈尔滨市地面气候标准值月值（1981～2010 年）

项目	1 月	2 月	3 月	4 月	5 月	6 月	7 月	8 月	9 月	10 月	11 月	12 月
月极端最高气温/℃	2.3	9.9	21	30.9	33.8	39.2	36.5	35.6	31.4	26.5	17.6	8.5
月极端最低气温/℃	–37.7	–37.3	–26.9	–9.6	–3.8	4.6	9.5	7.2	–4.8	–16.2	–26.5	–33.4
月平均降水量/mm	4.2	4.9	11.9	20.1	39.3	88.2	147.8	122.6	56.3	23	12.7	6.9
月最大降水量/mm	12.9	17.6	40.2	61.3	114.3	178.7	360.2	276.4	143.8	50.9	48.8	20.7
月平均气压/hPa	1006.4	1004.3	999.8	993.6	990.4	988.3	987.4	991	996.5	1000.2	1003.5	1005.7
月平均气温/℃	–17.6	–12.4	–2.8	7.8	15.3	21	23.1	21.6	15.1	6.4	–4.9	–14.3
月平均最高气温/℃	–12	–6.3	2.8	14	21.5	26.5	27.8	26.5	21.2	12.3	–0.1	–9.2
月平均最低气温/℃	–22.9	–18.3	–8.5	1.4	8.8	15.2	18.6	16.9	9.3	0.9	–9.5	–19
月平均湿度/%	71	66	55	48	51	62	76	78	69	61	63	69

数据来源：中国气象数据网 http://data.cma.cn/data/weatherBk.html[2017-12-15]

4.1.2　适应哈尔滨气候建筑：靖宇街区

在哈尔滨，如何去阻挡冬季凛冽的西北风成为规划设计中首要考虑的问题，其次应该在寒冷的冬季尽最大可能获得最大朝向。

哈尔滨道外区靖宇街具有早期的近代建筑群，这片建筑群落在建设初期，显然就考虑了这两个方面。如图 4.1 所示，首先，这一片建筑群整体是围合式布局，呈现了与南方居住区截然不同的布局，是为了能够阻挡冬季的寒风，减少冷风的渗透。其次，建筑以东南向为主，是为了能够获得较多的日照时间，其他方向的建筑很少，从而形成了靖宇街比较长，而南十六道街等这些南北方向的街道比较短。在现代规范中，对于严寒地区的日照时间是有要求的，除了建筑的布局阻挡西北风，朝向以南向和东南向为最佳之外，还应尽可能地扩大建筑群的间距，从而获得符合要求的日照时间，最大化地实现居住区人们的热舒适[1]。

图 4.1　靖宇街区近代住宅朝向图

图片来源：百度地图截图上自绘

4.2　寒冷地区典型城市：北京

4.2.1　北京气候

北京是中国的首都，也是寒冷地区的典型城市。北京地处华北平原，气候类型属于典型的暖温带半湿润大陆性季风气候，一年四季的昼夜温差大。受西伯利亚高压的控制,冬季盛行西北风，天气寒冷而干燥；夏季盛行东南风，气候炎热多雨；春季短促，多风沙；秋季天高气爽，气候宜人。据统计，北京市年平均气温为 13.1 ℃，1 月平均气温为−3 ℃，7 月平均气温为 27.3 ℃，极端最低气温为−17 ℃，极端最高气温为 41.9 ℃。年平均降雨量为 536.6 mm，受季风影响，降雨多集中在夏季七八月，明显雨季的降水量占全年降水量的 70%以上，具体气象数据见表 4.2。

表 4.2　北京市地面气候标准值月值（1981～2010 年）

项目	1 月	2 月	3 月	4 月	5 月	6 月	7 月	8 月	9 月	10 月	11 月	12 月
月极端最高气温/℃	14.3	16.1	29.5	31.9	38.1	39.6	41.9	37.3	35.0	31.0	21.6	13.4
月极端最低气温/℃	−17.0	−14.7	−8.0	−0.1	7.7	9.8	16.0	14.6	7.5	−3.4	−9.5	−13.5
月平均降水量/mm	2.8	4.4	9.9	23.7	37.6	70.5	159.6	139.4	48.7	23.9	9.6	2.0
月最大降水量/mm	12.2	26.3	43.4	63.6	68.4	142.9	247.9	177.8	118.9	69.9	42.9	8.8
月平均气压/hPa	1024.2	1021	1015.4	1009.9	1005.1	1001.2	999.8	1003.9	1010.8	1016.3	1020.2	1023.8
月平均气温/℃	−3.0	0.7	7.1	14.8	21.0	25.1	27.3	25.9	21.2	13.9	5.1	−1.1
月平均最高气温/℃	1.8	6.2	12.8	20.6	27.0	30.7	32.1	30.6	26.6	19.4	10.2	3.5
月平均最低气温/℃	−7.3	−4.1	1.8	8.9	15.0	19.9	23.1	21.8	16.3	8.9	0.6	−5.1
月平均湿度/%	45	44	42	46	51	59	69	71	65	58	55	47

数据来源：中国气象数据网 http://data.cma.cn/data/weatherBk.html[2017-12-15]

4.2.2　适应北京气候建筑：南锣鼓巷四合院

传统的街巷胡同呈“鱼骨式”，巷在其中主要连接各胡同，大部分居住建筑不直接向巷内开口[2]。巷宽为 6～8 m，两侧主要分布一些低矮的建筑。巷道是南北向的，连接的各个胡同呈东西向比较长，这和哈尔滨的道外区靖宇街一带的布局相似，这样的建筑布局方式有利于建造更多的南北向住房。

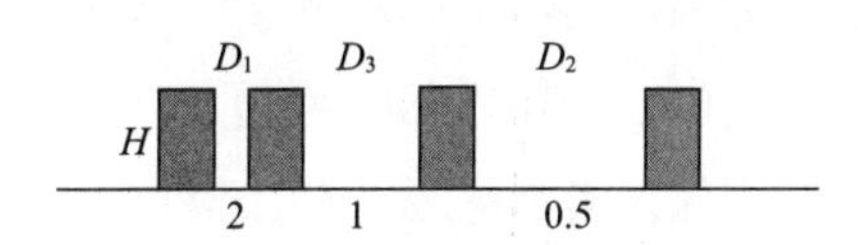

图 4.2　北京胡同高宽比

H 为高度，*D* 为宽度

南锣鼓巷主街宽约 12 m，两侧为一层或两层建筑，因此，建筑高度和街道宽度的高宽比基本上都在 0.5～2（图 4.2），空间尺度不会太狭窄也不会太宽广。这样的尺度一方面是为了建筑的采光不被遮挡，在北京寒冷的冬天能够获得阳光的照射；在夏季使太阳直接照射到的街道范围很小，再加上高大的行道树遮阴（这些行道树的叶子在冬天会掉光），能保持足够的荫蔽空间供人们购物、休息、娱乐，满足人们夏季所希望的凉爽通风的步行环境要求（图 4.3）。

图 4.3　南锣鼓巷

图片来源：汇图网 http://www.huitu.com

北京的传统街巷布局和四合院都很好地适应了北京的气候。北京四合院多是由四面房间围合的建筑，对外界而言，形成了一个外封闭、内开敞的独立空间体系。封闭的围墙在冬季有效地阻挡寒冷的西北风，在夏季院落内部的空气通过顶部的开敞空间与较高处的室外空气进行交换，同时与四合院的外廊道一起构成一个空气循环系统，使室内外空气流通顺畅，房间得到有效的通风散热；庭院内的落叶乔木和独特的绿植小品会在夏季阻挡太阳辐射，冬季落叶乔木散落叶子，又不会阻挡阳光。

4.3 夏热冬冷地区典型城市：武汉

4.3.1 武汉气候

武汉市地处长江中游的江汉平原东部，长江最大的支流汉江穿城而过与长江交汇，由此将城市划分为三镇。武汉市四季分明，夏季尤其炎热，冬季寒冷，属亚热带湿润季风气候，也是我国夏热冬冷地区的典型城市。武汉湖泊众多被称为“江城”，此外因交通便利还被称为“九省通衢”。据统计，武汉市年均气温为 17.1℃，1 月平均气温为 4.0℃；7 月平均气温为 29.1℃，极端最低气温为-12.8℃，极端最高气温为 39.6℃，平均年降水量为 1316 mm，夏季长达 135 d，高温时间持续较长，雨季为每年的 5～7 月，具体气象数据见表 4.3。年无霜期一般为 211～272 天，年日照总时数为 1810～2100 h。武汉市区盛夏闷热，白天气温常在 37.0℃左右，夜间也常保持在 30.0℃左右，素有“火炉”之称[3]。

表 4.3 湖北省武汉市地面气候标准值月值（1981～2010 年）

项目	1 月	2 月	3 月	4 月	5 月	6 月	7 月	8 月	9 月	10 月	11 月	12 月
月极端最高气温/℃	22.0	29.1	32.4	35.1	36.1	37.5	39.3	39.6	37.6	33.9	30.4	22.5
月极端最低气温/℃	−12.8	−9.8	−3.3	1.7	8.1	13.0	19.0	16.4	11.0	1.5	−3.1	−9.6
月平均降水量/mm	48.7	65.5	91.0	135.7	166.8	218.2	228.1	117.5	74.0	80.9	60.0	29.6
月最大降水量/mm	107.7	183.1	225.0	333.6	344.2	469.1	758.4	314.4	204.1	409.2	143.4	88.9
月平均气压/hPa	1024.3	1021.3	1017.1	1011.7	1007.3	1002.6	1000.8	1003.1	1010.2	1017.0	1021.3	1024.6
月平均气温/℃	4.0	6.6	10.9	17.4	22.6	26.2	29.1	28.4	24.1	18.2	11.9	6.2
月平均最高气温/℃	8.1	10.7	15.2	22.1	27.1	30.2	32.9	32.5	28.5	23	16.8	10.8
月平均最低气温/℃	1.0	3.5	7.4	13.6	18.9	22.9	26.0	25.3	20.7	14.7	8.4	2.9
月平均湿度/%	76	75	75	75	74	77	77	77	75	76	75	73

数据来源：中国气象数据网 http://data.cma.cn/data/weatherBk.html[2017-12-15]

因为武汉独特的地理位置与地形、水文状况，形成了独特的气候环境。武汉地处长江与汉江交汇处，江河湖泊众多，号称“百湖之城”，水汽多，湿度大；而且武汉地处海拔较低的长江流域河谷中，四周山地环绕，地面散热困难，使得蒸发的水汽更加不容易扩散，夏天高温高湿，使人感到闷热潮湿，冬天低温高湿，使人感到寒冷潮湿，一点也不亚于北方的干冷。近年来，武汉城市发展迅速，热岛效应日益增强，对宜居城市的建设产生了重要影响，所以亟须改善城市的热环境。

4.3.2 适应武汉气候建筑：武汉同兴里冷巷和天井

在 3.4.2 节，提到武汉汉口里份的布局是与武汉的夏季主导风向息息相关的，长街宽度适宜且走向平行于夏季主导风向。

为了适应武汉的气候，同兴里存在两种微气候环境的设计。如图 4.4 所示，这条短巷称为冷巷，建筑在夏季相互遮挡形成阴影，形成冷巷，改善了建筑的热环境和风环境[4]。如图 4.5 所示，狭小的天井，遮挡了夏季的烈日，院落空间内的阴影降低了夏季室内空间的热负荷[4]。另外，天井形成了热压通风，带走热量。两者都不同程度地改善了武汉同兴里夏季的热环境，解决了武汉同兴里热环境的主要矛盾。

图 4.4　武汉同兴里冷巷

图 4.5　武汉同兴里天井

4.4 夏热冬暖地区典型城市：广州

4.4.1 广州气候

广州是夏热冬暖地区的典型城市。广州市属热带和亚热带季风气候区，气候资源十分丰富。据统计，广州市年平均气温为 22.8℃，1 月平均气温为 14.1℃，7 月平均气温为 29.4℃，极端最低气温为 0.0℃，极端最高气温为 39.1℃，年降水日为 150 天左右，具体气象数据见表 4.4。春季是广州的过渡性季节，气温和降水均处在上升时期，雨量不大，以低温阴雨天气为主；广州从秋季开始凉爽起来，同时降水也没有那么频繁，全年降雨量差别较大；广州的夏季是高温多雨的季节，较为湿热，受东亚季风影响最显著；冬季盛行东北风或北风，天气以晴天为主，干燥少雨，气温相对较高，光照充足。广州湿热的气候特征较为明显，每年的 2～4 月阴雨连绵，空气湿度相对较高，每个月仅有少数几天能见到太阳；而到了每年的 7～9 月，由于较强的太阳辐射及台风等热带气旋的影响，往往出现高温、高湿、多雨的天气[5]。

表 4.4　广东省广州市地面气候标准值月值（1981～2010 年）

项目	1 月	2 月	3 月	4 月	5 月	6 月	7 月	8 月	9 月	10 月	11 月	12 月
月极端最高气温/℃	28.4	29.4	32.1	33.3	35.1	38.9	39.1	38.3	37.1	36.2	33.4	29.5
月极端最低气温/℃	2.1	3.3	5.4	9.7	17.2	19.5	22.7	22.4	18.8	13.8	6.3	0.0
月平均降水量/mm	44.3	67.9	94.9	183.5	285.6	315.0	240	230.8	200.9	70.5	38.4	29.4
月最大降水量/mm	98.0	99.3	207.7	418.7	638.8	834.6	415.4	382.3	558.6	304.3	101.6	84.1
月平均气压/hPa	1016.3	1014.1	1011.7	1008.3	1004.4	1001.5	1000.8	1000.7	1004.5	1010	1013.7	1016.3
月平均气温/℃	14.1	16.4	18.9	22.7	26.4	27.9	29.4	29.1	27.9	25.1	20.2	15.6
月平均最高气温/℃	19.0	20.7	22.8	26.5	30.5	32.0	33.7	33.5	32.1	29.7	25.3	21.0
月平均最低气温/℃	10.8	13.5	15.9	20.0	23.3	25.1	26.3	25.9	24.7	21.6	16.5	12.0
月平均湿度/%	68	75	76	79	77	79	75	76	72	66	64	63

数据来源：中国气象数据网 http://data.cma.cn/data/weatherBk.html[2017-12-15]

4.4.2　适应广州气候建筑：广州骑楼

广东人将西方建筑和岭南建筑相结合，到民国时期改造成如今的骑楼，建筑很好地适应了岭南气候特点。由于广州的夏天炎热漫长，骑楼有助于通风、散热、散湿，挡避风雨侵袭和艳阳照射，形成凉爽环境；骑楼还避免了露天人行道路面吸收太阳辐射热过大而增强城市热岛效应。如今，传统骑楼又拥有了新的作用，夏季可减少沿街店铺因室外热作用而附加的空调能耗，冬天可以遮挡高层建筑兜卷而下的寒冷北风；因传统骑楼街区两边建筑合理的距高比，白天天然采光照度足够，不会出现露天行人的眩光现象及高层建筑玻璃幕墙的反射眩光现象；在骑楼中，人行道的列柱可以阻挡来自马路的部分高频噪声，同时也遮挡行人看向马路的部分视野，因此，人们在骑楼中处于较为良好的物理环境。

正因为骑楼有着良好的物理环境，骑楼下面往往充满着浓浓的生活气息，犹如广州人的室外客厅，小朋友在那里玩耍打闹，大人聊天、喝茶、打牌等做各种娱乐活动。图 4.6 为广州恩宁路的骑楼。

（a）近景

（b）远景

图 4.6　广州恩宁路骑楼

在广州现代建筑中，很多建筑也采取了同骑楼一样的结构，如广州大学演艺中心的外廊。

4.5　温和地区典型城市：昆明

4.5.1　昆明气候

昆明是温和地区的典型城市，素以“春城”之名享誉中外，昆明地处云贵高原中部，西南有滇池，三面环山，属于低纬度高原山地季风气候，地貌复杂，地形高差较大，在气候上呈现明显的垂直差异和水平差异[6]。昆明全年温差较小，据统计，昆明市年平均气温为 16.1 ℃，1 月平均气温为 8.9 ℃，7 月平均气温为 20.2 ℃，极端最低气温为−7.8 ℃，极端最高气温为 30.4 ℃，全年降水量为 979.1 mm，相对湿度为 74%，具体气象数据见表 4.5。

表 4.5 云南省昆明市地面气候标准值月值（1981～2010 年）

项目	1 月	2 月	3 月	4 月	5 月	6 月	7 月	8 月	9 月	10 月	11 月	12 月
月极端最高气温/℃	23.3	25.6	28.2	30.4	31.3	30.0	30.3	30.3	30.4	27.4	25.3	25.1
月极端最低气温/℃	−2.8	−1.6	−5.2	2.0	5.5	10.8	11.6	11.5	6.2	4.0	−0.8	−7.8
月平均降水量/mm	15.8	14.6	17.6	25.2	85.5	170.4	200.2	203.9	113.9	81.7	36.7	13.6
月最大降水量/mm	78.0	44.1	77.1	121.9	208.7	474.9	368.4	410.1	282.8	169.6	87.6	51.1
月平均气压/hPa	812.0	810.8	810.2	810.0	809.4	807.9	808.0	809.5	812.4	814.4	814.7	814.0
月平均气温/℃	8.9	10.9	14.1	17.3	19.2	20.3	20.2	19.9	18.3	16.0	12.1	9.0
月平均最高气温/℃	15.9	17.9	21.1	24.0	24.6	24.6	24.4	24.7	23.1	20.9	18.0	15.5
月平均最低气温/℃	3.5	5.0	8.0	11.4	14.7	17.0	17.3	16.8	15.2	12.7	7.9	4.2
月平均湿度/%	66	60	56	56	66	77	81	80	79	79	75	72

数据来源：中国气象数据网 http://data.cma.cn/data/weatherBk.html[2017-12-15]

春季，气流来自热带大陆，多晴朗天气，因此较为温暖干燥，日温差大；夏季不似其他四个气候区的夏季那么炎热，降雨较多，水分充足，夏季的辐射量被用于蒸发。降雨量较为集中，因此容易受到洪涝灾害；秋季温凉，降温较快，降雨量减少，也是相对干燥；昆明冬无严寒，但受日照辐射，天晴少雨，昼夜温差较大。

4.5.2 适应昆明气候建筑："一颗印"民居

"一颗印"民居是云贵地区非常有特色的民居形式，其形制规整、紧凑，能够非常容易地与其他类型的民居区分开来。该民居形式是在长期的发展中，适应当地的气候状况，并承接了汉、彝两族的文化思想形成的围合式民居。

"一颗印"民居在昆明被称为"三间两耳"或"三间四耳倒八尺"，这种固定的基本平面形式，外形紧凑封闭[7]。"一颗印"民居特点鲜明，建筑外立面很封闭，所有房间均向天井开窗，天井空间改善了由此造成的建筑采光、通风条件差的问题，同时天井还有收集、排放雨水的作用，天井与倒座的交界处设有排水沟，将雨水排出建筑；而 "一颗印"民居出挑的屋檐进一步遮挡了阳光照进天井，使得天井营造出阴凉、舒适、宁静的空间，成为人们宴客、闲聊、做活、休憩等不可多得的复合空间[6]。"一颗印"民居的天井空间极大地改善了住宅的微气候，很好地适应了云南昆明的气候。

参考文献

[1] 柯善北. 破解“城中看海”的良方:《海绵城市建设技术指南》解读 [J]. 中华建设, 2015(1): 22-25.

[2] 赵雯. 探讨北京城市历史风貌保护与更新方法 [D]. 北京: 北京林业大学, 2009.

[3] 余庄, 李保峰. 武汉城市宜居环境优化和建立节约型城市研究 [C]. 中国建筑师分会 2005 年学术年会论文集华中科技大学. 2005: 126-136.

[4] 陈飞. 建筑与气候 [D]. 上海: 同济大学, 2007.

[5] 王文棋, 拜盖宇. 基于湿热气候环境下的广州民居形式研究 [J]. 中外建筑, 2014(8): 86-89.

[6] 任好. “一颗印”的适应性研究 [D]. 昆明: 昆明理工大学, 2016.

[7] 杨大禹, 朱良文. 云南民居 [M]. 北京: 中国建筑工业出版社, 2009.

第5章　地形与城市

地形是自然环境的重要组成部分，不同的地形造就出不同的气候环境，这是气候学上所说的地形气候。从世界范围来看，青藏高原作为“世界第三极”具有增湿、改变风向等作用，使亚洲地区形成典型的季风气候。从中国范围来看，地形大势西高东低呈现三阶梯分布，我国幅员辽阔、地形种类多样，因而也造就了气候的多样性与复杂性。首先是冬寒夏凉、太阳辐射强、昼夜温差大等特征的高原气候类型，如陕北高原地区；其次是由于边缘山地阻挡冬季冷气流、夏季不易散热而形成的盆地气候类型，成都作为我国“四大火炉”城市之一，其气候就属于这种气候类型；最后是由于地势的平坦冬季易形成寒潮的平原气候类型，如我国的首都北京。除了上面三种体现我国三大阶梯的地形气候外，山体与江河湖海这些地形要素对气候也具有一定的影响。

遮风避雨是我们祖先建造房屋的初始动因。对于复杂多样的地形与气候条件，不同的地方会形成不同的城市特色。科技发达的今天人们早已可以运用高新技术来对环境进行改造，但如何更好地运用现有的自然资源与气候条件来构筑当代城市，仍然是人们一直探讨与思考的问题。

5.1　山城：重庆

5.1.1　重庆地形

重庆是我国西部地区典型的山地城市，整个城市中山地、峡谷和大型河流江体复杂地交错在一起，显得壮观而神奇。城市也随着山势建设各种的空中道路、楼梯、屋顶停车场，使城市成为一个真正意义上的三维城市、空间城市。此种地形下，该地区的民居形态更加多样，以吊脚式、附崖式民居为主，内部空间与地形关系密切，建筑与环境浑然一体，形成三峡两岸地区成片的“三面临江危楼”的建筑景象[1]。

图 5.1　重庆过江缆车图

5.1.2　重庆城市微气候

重庆的主城区面积非常之大，但人们活动最频繁的地方主要集中在渝中区、南岸区、沙坪坝区这三大区域。这三大区域被长江和嘉陵江分隔开来。而作为两江交汇的半岛渝中区是整个城市的心脏，这里有解放碑、朝天门码头及菜园坝客运站等，而解放碑则又是心脏中的心脏。至于南岸区是以南山为依托，此处绿树成荫、植被丰茂、景观优美，有着重庆“南肺”之称，似乎重庆的所有污染都会被这片“绿肺”所吸收净化。而沙坪坝的磁器口古镇存在老祖宗对适应气候及地形的城市建筑智慧——吊脚楼。重庆这个拥有特殊的地理区位及山地条件的城市也有着自己相应的特殊微气候。

重庆市山多雨多雾多，而对于在这样一座城市中生活的人们又是如何去适应这些气候和地形等带来的不便与不舒适，从而改善自己所生活片区的微气候呢？微气候主要受到“热度”“通风”“湿度”“日照”四个方面的影响，而人们想要良好的微气候生活环境也必须尽可能地去适应、利用并尊重当地的生态环境，只有充分适应当地生态环境才能最大程度降低环境的能耗与浪费，只有利用好当地生态环境才能最大程度提升微气候环境，提高微气候的自我循环，才能找到地域的归属性[2]。而重庆地区的人们则巧妙地运用当地的生态环境来建立良好的微气候舒适性。首先，从整个城市的角度来看，重庆将城市与地形完美地结合，建筑、交通道路依山而建与山融合，随着地形本身的情况而改变，由于重庆气候湿润、植物生长茂盛、植被种类丰富，人们很好地利用其景观优势，最大限度地保留原始自然景观，整个城市的建筑交通道路都与山地景观绿化融为一体，形成了地域生态适应性，利用原始自然生态环境来作为自身生活舒适度的保障。其次，从居住生活区来看，最有代表的是沙坪坝区磁器口古镇。磁器口古镇整体布局采用垂直或平行于等高线的模式，这种模式有利于山谷风等顺应山体的走势进入建筑区域内，从而提高整个区域的通风水平，而对于重庆这种湿润的山体环绕的城市来说，改善通风是最有利于微气候舒适度的方法。整体建筑采取开敞式但联系性强的街道围合式布局，整个古镇都充满着中国古典特有的味道，配上重庆独特的建筑风格很有一番风味，建筑有高有低，全部依山而建，这也是重庆最主要的传统特色建筑——吊脚楼。吊脚楼属于干栏式建筑，但与一般所指干栏建筑有所不同，它并没有全部悬空，所以也被称为半干栏式建筑。此类建筑能够很好地适应当地气候及地形，高悬地面的部分可以起到良好的通风效果，又能防虫蚁、毒蛇等，楼板下还可以存放杂物，既能节约土地面积，又能起到通风、干燥、防潮等作用，来改善局部建筑室内室外的微气候。更具吊脚楼群特点的还有重庆核心商业圈解放碑沧白路长江与嘉陵江交汇的滨江地带的洪崖洞区，它属于巴渝建筑的特色代表，整体依山而建、沿崖而建，使解放碑直达江滨，整个吊脚楼下部架成空虚，上部围合成实体，充分利用了地形风，形成整体良好的通风环境以降低湿度及温度，配上山体的自然植被，人体舒适度极好，局部微气候宜人。

5.1.3 重庆交通

正是因为重庆有着特殊的地形地貌，也使得这座城市有着谜一般的道路交通。整个重庆街道曲折、高楼林立，犹如森林一般，如果你出行常常会被索道和高架轻轨悬置半空，而后没过多久又会被深深地带入地下隧道，很是趣味，这些都是在其他城市难以见到的。因此在重庆，高度和建筑空间的边界被模糊了，因为很有可能当你站在一栋建筑底层，随意中走出去就来到了另一建筑物的屋顶。当你去问路的时候，重庆人会很热情地告诉你地理方向，但他们用来描述方向的词语并非是“东南西北”而是“上下左右”，也因为重庆属于山城这种特殊的地理环境，整个渝中区被划分成为上半城和下半城两个部分，特别是较场口称为十八梯的老街道，一个连接着上半城的繁华商业区与下半城江边老城区的特殊地方，可以完美地展现这种地形特点，它所连接的已经不仅仅是上半城和下半城，还衔接着过去与现在、历史与现代乃至将来。

重庆相对于其他很多地区多了一种交通工具便是轮船，虽然现代社会已很少使用轮船作为主要交通工具，但在重庆朝天门区域仍然被保留下来，作为主要的景观欣赏交通工具。在重庆的主城区中整体的交通呈现立体化网络模式，无论是主要车干道还是步道，或是地铁、轻轨、索道等，都是就势而建。地铁可以时而在地下，时而又在空中；公交车可能时而在地面，时而又在屋顶，无论是江景山景、摩天大楼、低矮建筑群都会在你眼前随机转换。

“逢山开路，遇水架桥”是重庆的一大交通特色，也因此重庆被称为“桥都”及“桥梁博物馆”。但重庆的开路架桥并不是完全地破坏自然山体水体来构架自己所需要的道路，而是顺应山体地形来修建，可以说是山中有路、路中有山、山路融为一体，用重庆本地人的话来说拿到了重庆驾照走遍全国都不怕，出租车司机成为重庆最有能力的道路职业。

在重庆还有一处奇特的交通景点“重庆十八梯”，如图5.2所示，这是连接老城区和新城区，也是连接上城区和下城区的重要部分，可惜的是目前在拆除之中。它是记录了重庆历史的即将逝去的一部分生活。十八梯是一条艰辛而有趣的道路，从较场口的日月光广场往南向下穿过马路便能看到十八梯，整个石梯旧而窄，弯弯曲曲，到楼梯两旁可以看到卖小食的小贩，还有旧的杂货铺、工匠铺等，卫生状况不是很好，但却有着它本身的特点和气质，整个路程都很热闹，随处可看见居民，走完台阶往左看能看到一座铁门，锁闭着废弃的十八梯防空洞，从隧道出入口可以感受到吹出来的阵阵凉气，夏季炎热的时候在隧道口却是非常凉爽的。

图5.2　重庆十八梯

在这展现的是一种现象也是对历史的 种记忆，但更多地可以看出重庆古人对于地形的利用与尊重。也正是对自然地形的顺应造就了该地区特殊的地形风，也从而改善了人居微气候，从而达到人体舒适度，这正是古人在没有任何机械设备的条件下对于气候地形适应的最好回应。

5.2 盆地城市：成都

5.2.1 成都地形

成都是处于盆地中的城市，位于四川省中部，也是成都平原上最具代表性的重要大型城市。成都平原地势平坦、河网纵横、物产丰富、农业发达，属亚热带季风性湿润气候，自古享有“天府之国”的美誉[3]。

夏季，四面环山不易于散热，同时空气潮湿，因此成都夏季较为闷热；冬季，西北、东北的高山削弱了冷气流的南下，因此冬季气温平均在 5 ℃以上，相对温暖。成都降雨主要集中在夏季，冬季与秋季降雨较少，极少冰雪侵害。四面环山所形成的闷热环境是成都主要的气候特点，也是城市与建筑重点注意的问题，处理好遮阳防晒、通风透气纳凉、防潮除湿排水这三个方面是改善成都居住环境的关键。

5.2.2 宽窄巷子

成都的宽窄巷子可以说已经成为成都的名片。宽窄巷子整体空间风貌较为完整，延续了清代川西民居风格，宽窄巷子在街巷形制上具有北方胡同的布局特色，与南锣鼓巷有着相似之处，保留着少城鱼骨形的空间肌理，建筑院落空间与其外部空间所占面积比例相似[4]，建筑密度较南锣鼓巷更密一些，这是由成都的气候决定的。边界由街道、建筑、墙体围合而成，界限明确，空间形态清晰（图 5.3）。

图 5.3 宽窄巷子

图片来源：百度地图截图上自绘

宽窄巷子有三条巷子，由宽巷子、窄巷子和井巷子组成。宽的巷子约为 7 m 左右，窄的巷子则约为 5 m，两边的建筑多为 5～8 m 高的低矮房屋，这样街道的高宽基本相同。这个高宽比相对于北京的南锣鼓巷来说，街道的宽度要更窄一些，便于遮阳。与北京的南锣鼓巷更不同的是宽窄巷子的民居大量使用宽檐和檐廊，既可防晒，形成阴影面积，又可防雨，保护墙面。与此同时，檐廊、走道及巷道等组成的交通网络成为气流的通道，促进室内外空间空气的交换，有利于周围建筑的降温、除湿。

5.3　泉城：济南

5.3.1　济南地形

济南是山东省的省会，是寒冷地区的典型城市之一，被称为“泉城”。济南的地形复杂，其南部是英雄山、千佛山等泰山余脉，中部有趵突泉、大明湖等丰富的水域资源，可谓是湖光山色。复杂地形形成了济南独特的气候。

济南有湖、泉，还有山，可谓“一城山色半城湖”。济南的三大名胜之一便是大明湖，大明湖水质清冽透明，盛夏时节，湖周围很是凉爽，聚集了很多乘凉的人。济南最为神奇的地方在于泉水从城市当中涌出，这也与济南城市南高北低的地形有关，因此便有了“家家泉水，户户垂杨”的场景，这也对城市微气候产生了很大的影响。济南靠近泰山，济南的山是泰山山脉的余脉，南部的山脉犹如一扇屏障，使济南成为山中城，也造成济南夏天的气候闷热。

5.3.2　老济南传统街

济南民居建筑注重与泉水的相互结合，“家家泉水、户户垂杨”是济南城市特色最集中的体现。济南泉水不仅有四大名泉，更多的则是深藏在一个个四合院中的空间环境。在夏天门前的泉水给住宅降温，杨柳树遮阴，天然地理环境创造出宜人舒适的微气候环境，孕育了济南雅俗相融的市井百态。在水与街道间，人们或在喝茶聊天、品评字画、纳凉垂钓，又或是在洗衣、做饭、做买卖，形成了和谐的画卷。传统的街巷都是用青石板铺砌而成，如图 5.4 所示，济南曲水庭街，在过去时常有泉水渗出，雨季时节，雨水通过青石板渗入到泉水中，不断补充泉水，形成了可持续循环，符合现在“海绵城市”的理念。

图 5.4 济南的曲水庭街

5.4 沙漠比邻城市：喀什

5.4.1 喀什环境与地形

喀什是新疆一个典型的沙漠比邻城市，具有悠久的历史，东部是著名的塔克拉玛干沙漠。喀什的日照时间很长，太阳辐射强烈，而且降水量非常少，非常干燥。该城市位于塔里木盆地，处于克孜勒河流域。新疆的很多城市是以绿洲为依托的。绿洲是在干旱荒漠中有稳定水源，适合植物生长和人类生栖的独特地理景观地区[5]。喀什的传统民居形式以生土建筑为主，目前城市中还有传统肌理保存完好的噶尔老城。干旱少雨的环境为生土建筑的生成提供了条件，而这种建筑形式也为居民提供了具有当地气候适应性的栖息之地。

5.4.2 建筑聚落居住形式

1. 就地取材

喀什作为新疆地区的典型城市，其干旱少雨的气候环境为生土建筑提供了一个非常好的条件，同时生土也是一种非常好的保温隔热材料，能很好地适应新疆日温差大、太阳辐射强的气候。喀什位于盆地之中，生土作为最主要的建材是就地取材的一种生态环保材料。无论是居住建筑还是公共建筑，还是构筑物，很多都是由生土筑成，构成了具有新疆地域特色的城市组织肌理，很好地诠释了经济、适用的原则。

2. 高密度、窄巷道与紧凑内院落

喀什具有历史和当地特征的街道呈现水平延展和稠密复杂的建筑肌理，这种高密度的毯式建筑（mat-building）组织形态能够提供大量的阴影区域[6]。喀什与新疆的很多城市一样，一些老城的传统居民区采用低矮紧凑布局的生土建筑，建筑之间挨着很紧凑，每条街道比较窄，形成较多的阴影。内院也很狭小，这种稠密布局带来遮阳方面的好处是，“由于房屋密集，每一栋住宅的外表面积减少，室内温度受太阳辐射的影响也就相对减少，密集的建筑群所产生的狭窄的街道和高深的内院可使交通和公共活动空间经常处于阴影之中，同时避免或减轻风沙侵害。”[7]

3. 爬山屋与过街楼

除了独具魅力的传统城市肌理，在喀什以及新疆的很多地方，也有使用生土这种独特建筑材料所形成的建筑和街道空间类型。在喀什噶尔老城中一道独特的风景便是“过街楼”的建造。这种建造形式就如其名字一样，其特点就是在街道上方利用两边的建筑搭起挑空的房屋，一楼位置仍可供街道行人通过。过街楼能够提供大量的遮阳空间，与广州的骑楼一样遮阳防晒，而且能够形成穿堂风，大大增加了阴影面积，降低了街巷的温度。走在这样的空间下，犹如走在隧道中一样，凉爽舒适。此外还有在喀什噶尔老城依照地势而建的高台民居等，也是利用地形所建的特色建筑。

5.5　平原城市：西安

5.5.1　西安地形

西安是陕西省省会，十三朝古都，古代这么多朝代之所以在这里建都，是与西安平坦的地形、优越的地理环境分不开的。西安的地形古代称为“因天材，就地利”，“以山为势，以水为脉，依山为障，依水而建”，这样优越的地理环境在中国最早被称为“金城千里、天府之国”。西安位于关中平原中部，地势平坦，土地肥沃，被渭河、泾河等众多河流所滋润。西安所在的西安小平原是我国中部最为开阔的地方，因此西安城区给人的印象就是道路规整、马路平坦，人的视野开阔。同时，西安处在一个狭长的盆地之中，北侧靠近黄土高原，南邻秦岭山脉，西侧是黄土高原与秦岭，只有东面是黄河形成的通风口，这样形成了弱风的风环境特征。

西安冬季以东北风为主，夏季多东南风，春秋两季为过渡季。西安地区的风速较华北平原相比较小，这可以反映在西安的建筑群落中，群落布局一般是较为集中的，朝向一般是正南正北，南北通透，门窗对位以利通风散热。

西安是历史文化名城，先后有十三个王朝在此建都，很大一部分是由西安优越的地理环境决定的，其中唐代长安是现在西安市的雏形，长安采用了严整的棋盘式道路网格局，坊里结构，从总体环境来看，在四周八水环绕和南部终南山绵延起伏的自然轮廓的配对下，形成了规模最大的方整形城市[8]。明清西安结构形态基本保持着方整城池、棋盘路网的布局，现代的城市地理特征如图 5.5 所示，基本上沿袭古代城市的格局，由西安城墙、二环、环城高速三个环形组成基本格局，北部道路基本都是十字走向的。

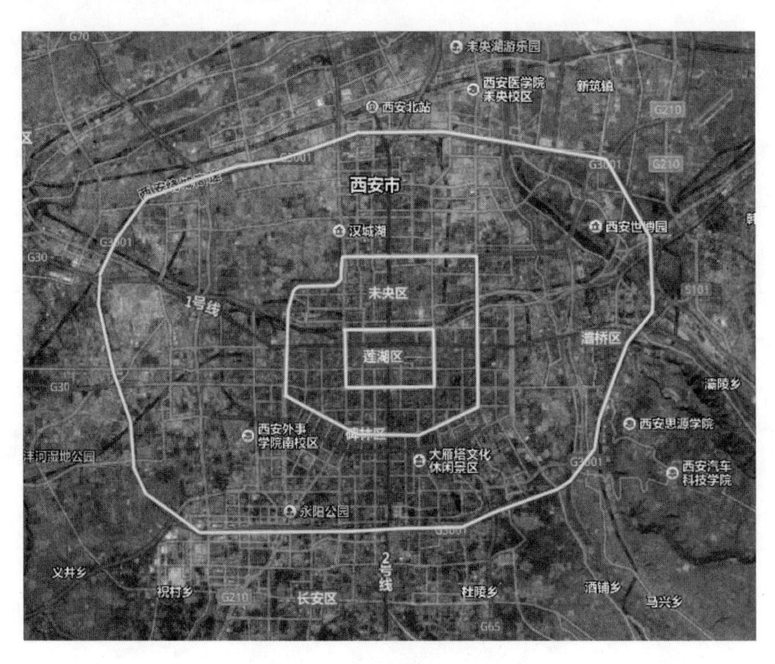

图 5.5　西安地形示意图

图片来源：百度地图截图上自绘

5.5.2　平原城市的传统肌理特色

平原城市在建设上，较山地城市来说，受到地势的影响较小，形式多样化，传统街道两侧的住宅多以合院为主：从东北地区一正四厢的东北大院，到北京地区的四合院，再到黄土地带的下沉式地坑院，直至长江流域及岭南地区的天井院，院落尺度上存在着差异，各地为适应不同气候条件在尺度和比例关系上做了相应的改变。东北和华北高纬度地区气候寒冷干燥，太阳日照角度低，民居需要获得充分的日照，建筑之间相互分离，呈松散式组合，减少相互遮挡。建筑的间距较大，院落开阔。而江南地区气候趋暖，合院中的日照要求让位于自然通风、遮阴、避雨，建筑布局更加集中，建筑更加开敞，为了形成阴影区院落也更小，形成井厅式住宅。在华南地区，天井缩小为通风的天井。

另外传统平原城市的肌理布局更强调规整性，比如像前面介绍的北京、西安等城市，城市布局就类似方格网的形式，城市肌理相对统一。这就对组成街道的建筑形式的统一提出了较高的要求。而合院布局较好地迎合了城市的这种形式要求。中国式的合院往往在外围没有什么突出的特点，多见朴素的外墙，使整个街景形成简单的统一。而这些建筑出彩的地方在于内部的庭院，别有洞天的内部天井、庭院甚至亭台楼阁组成了中国特有的内敛式建筑风格。在街道基本单元合院的设计中，也因各地的气候不同，有不同的形式。北方的院落高宽差异较大，宽度较宽以获得足够的日照。而南方江浙地区，建筑与树木等自然环境结合紧密，同时更看重小径通幽式的设计模式，更看重墙的遮阳效果。

参考文献

[1] 贺丽莉. 四川盆地传统民居生态经验及其启示[D]. 广州：华南理工大学, 2014.

[2] 徐煜辉, 张文涛. “适应”与“缓解”：基于微气候循环的山地城市低碳生态住区规划模式研究[J]. 城市发展研究, 2012, 19(7): 156-160.

[3] 成都旅游政务网. 成都市情简介[EB/OL]. (2017-05-08)[2017-09-10]. http://www.cdta.gov. cn/show-87-27748-1.html

[4] 杨聆, 徐坚. 基于空间句法的历史街区空间形态研究：以成都宽窄巷子街区为例[J]. 四川建筑, 2016, 36(5): 16-18.

[5] 张传国, 方创琳, 全华. 干旱区绿洲承载力研究的全新审视与展望[J]. 资源科学, 2002, 24(2): 42-48.

[6] 陈洁萍. 当代毯式建筑研究[J]. 世界建筑, 2007(8): 84-91.

[7] 黄薇. 建筑形态与气候设计[J]. 建筑学报, 1993(2): 10-14.

[8] 高娟, 姜满年. 西安城市结构布局形态分析西安建筑科技[J]. 西安建筑科技大学学报(社会科学版) 2005, 24(3): 26-28.

第二篇　环境综合篇

人类居住的环境是城市建设中需要关注的重要问题之一。人居环境涉及城市居住、交通、人文、景观、经济等诸多问题。它反映了人类在城市活动中的各种需求，因此只有达到人居环境的和谐才能使城市得到良好的运行条件。在诸多环境种类中，生态环境具有非常重要的意义。城市中的各类生态资源都是宝贵的财富，不仅提供人类赖以生存的氧气，还能降低城市热岛效应、消解污染，以及改善城市氛围。

生态环境在城市中可以分为自然生态环境和人工生态环境。自然生态环境是指城市中自然状态下的山川、水系和绿地，是长时间自然所形成的空间范围；而人工生态环境则体现了城市管理者有意识建设的城市生态空间。这两类自然环境，有着不同的意义和作用。首先是自然生态环境，能在城市长期发展中保留到现在的，都是比较重要的区域，像武汉的长江、杭州的西湖都属于自然景观，是城市天然的通风排热渠道。人工生态环境则是对自然生态环境的有效补充，规模根据城市中的自然环境要求而变化。人工生态环境的形式和自然生态环境比较类似，包含城市的公园、林荫道等空间，但是位置、规模和尺度都由城市规划安排和控制。

之所以将城市自然生态环境和人工生态环境区分开论述，是因为人工生态环境是在多种因素共同考虑下建成的结果，针对气候适应性来说可能会有不足。而自然生态环境及其周边的城市肌理是长期城市适应气候和地理环境而形成的发展结果。这样截然不同的发展方式，分开论述更具有合理性。

而人工建造环境是人类生产、生活的主要空间，与城市居民息息相关。由于大量使用了混凝土、沥青等建筑材料，出现了种种环境问题。但对于城市规划和建筑设计者来说，不能因为这些问题就否定人工建造环境的巨大作用，而应该寻找方法提高城市环境的友好性。本篇将围绕工作、居住、公共服务、交通等典型的人工建造环境类型展开论述，探讨改善这些用地环境的方法和措施。

第6章　人居环境与自然

6.1　人 居 环 境*

人居环境科学的概念最早由希腊学者道萨严迪斯（Doxiadis）于第二次世界大战后提出，他不拘泥于单纯的建筑与城市的概念，强调从整体上来考察整个人类的聚居环境问题[1]。吴良镛院士在《人居环境科学导论》一书中，引入了他的思想，将人居环境定义为[2]：“人类聚居和生活的地方，是与人类生存活动密切相关的地表空间，是人类在大自然中赖以生存的基地，是人类利用自然、改造自然的主要场所……人居环境是人类与自然之间发生联系和作用的中介，人居环境建设本身就是人与自然相联系和作用的一种形式。”这是我国关于人居环境最早的定义，也是现今我国人居环境科学的发展基石。

人居环境的理念在城市建设中得到了广泛的应用，这与我国落实科学发展观的政策是吻合的，体现了“以人为本”的思想。但是在具体应用、相关专业和其本身的学科建设上，还有许多问题值得进一步探索。

1. 人居环境的研究内容

人居环境包括自然、社会、人类、居住、支撑五大系统，存在全球、区域、城市、社区（村镇）、建筑五大层次[2]。这就要求人居环境的研究必然是复杂的巨系统。由于本书的着眼点在于城市发展及与城市居民的关系，因此与之相关的主要学科包括城市规划学、地理学、建筑学、生态学等。城市规划者不应将城市人居环境问题的研究当成规划学领域内的独立课题，而是应该站在交叉学科的高度上，从不同角度和不同学科整体地看待人居环境的研究。城市人居环境应该包含以下内容。

1）人与城市的关系

城市是现代人类生活的主要载体。在《雅典宪章》中，城市的功能按人的需求被概括为四个方面：居住、工作、游息与交通[3]。城市的特征主要表现为建

---

* 6.1 节是作者已发表文章《构建和谐的城市人居环境》的部分内容，原文曾发表于2008年的《中原城市群科学发展研究》。

筑、街道等人工构筑物的大量聚集。这些构筑物具备了供人类生活和生产的空间，可以为人们遮风挡雨。但是这些构筑物所组成的环境不能像自然界的其他环境，不具备新陈代谢的功能，需要靠对周围环境的消耗来维持自身的运转。因此人类需要城市，但是也受到城市的禁锢。

2）人与自然的关系

城市中人与自然的关系主要体现在两方面。一是城市内部存在的生态资源，如湖泊、绿地、森林等，它们一方面提供人们生活必需的空气、水分，另一方面也起到了净化环境、美观、隔绝污染等多种功能，与人们生活环境紧密相关；二是城市外围的自然环境，承载着为人们提供食物、空气，消化城市废弃物等功能。城市要能够保持正常的运转，就必须保证上述两个方面能够正常地进行。

3）人与人的关系

城市中的主体是人。人与人的关系主要体现在城市资源的分配上，因此其主要矛盾体现在两个方面。一是城市生活的便利性，越来越多的人向城市集中，而城市所能提供的资源是有限的，因此当城市人口超出城市所能承受的负担时，就会降低城市中每个人平均的环境条件和生活水平；二是现代人与后代人之间的关系，城市消耗的很多资源是不可持续的，过多的人口也造成资源的过度消耗，造成后代人资源的匮乏，而且现代人类不注重城市的人居环境，造成环境污染和破坏，也需要后代人来承担。

从这三大关系可以看出，城市人居环境的核心是对人的关怀，是城市发展规划需要考虑的重要内容。城市人居环境的和谐发展需要达到的目标是：①关注人的生活环境，保障每个人都有足够的城市资源供其生存和发展；②合理规划，城市的布局需要有以人为本的思想，其成长和扩张必须妥善安排；③注重自然环境，城市与自然必须和谐发展，保护城市与自然的平衡关系。

2. 人居环境的研究状况

长久以来，人们对人居环境问题一直存在多种的探索和研究。中国古代有着丰富的对人类聚居环境的认识。从理论上看，最典型的就是“天人合一”的思想，强调人类活动与自然环境的和谐共生。中国古代的都城选择都要求尽可能考虑背山面水等环境因素，虽然有一定的封建迷信成分，但也包括了对自然条件的选择和重视。而在一般古代城市中，更是考虑了自然环境的影响。例如，古代江南一带的市镇多水道，于是街道、亭台、楼阁无一不显示出以“水”为中心的文化。而北京地区的四合院，因为多风沙的缘故，采用了外部实墙、庭院建在内部的建筑组合样式，并最终形成了独具特色的胡同街道形式。

同样，世界各国在传统城市建设中也有着各种适应聚居环境的格局。例如沙漠干旱地区在聚落布局中采取建筑物相互靠近的方法，以利于相互遮阳和阻挡风沙[4]。古罗马则在城市中设置了广场、浴场等地方，形成人与人交流的空间[5]。这些无一不体现出了传统城市的气候和人文特点，也是这些城市的规划者对人居环境进行不断探索的反映。

近年来，随着能源危机、环境污染等问题的日益严重，人类聚居环境状况引起了广泛重视，相关的理论成果也大量涌现。邹德慈认为应从人居环境科学的高度审视城乡规划问题[6]；吴良镛等提出用数字信息技术，发展人居环境科学的评价体系，促进人居环境的发展[7]；刘平等对城市住区人居环境进行了生态设计方法的研究探讨[8]；李长坡等建立数学模型，探讨城市人居环境与城市竞争力的定量关系[9]；熊鹰等进行了城市人居环境与经济发展的协调性定量评价的研究[10]。这些文献都是从不同学科领域探讨城市人居环境的相关问题，体现了人居环境在城市相关学科中的重要性及广泛的覆盖面。

6.2　自然生态环境

6.2.1　水系

水是生命的起源，地球上最原始的生命也起源于海洋。纵观整个人类的发展史，人类的生存依赖于水，文化的孕育往往也与水域息息相关。从美索不达米亚文明到古埃及文明，再到古印度文明及华夏文明，无不证明文化的产生与水域之间有着密不可分的关系。随着人类文明的发展，逐渐产生了城市，即使城市发展到今天，还是能看到世界上大部分的城市是依山傍水、沿江河湖海而建的。可以说，水是城市存在和发展的基本物质条件，对城市的形成和发展发挥着极为重要的作用。

水系是城市生态系统的重要组成与资源，也是城市生态系统的绿色生命线和区域生态平衡的活跃因子[11]。可以说，几乎所有大型城市的建设与发展都依托于水，而在我国南方地区、水系就如同自然骨架一般纵横交错地填充在城市内部[12]。水系作为生态廊道，有陆地廊道所没有的一些特点。首先，水体具有良好的调节气温的能力，水的比热容较大，在夏季温度较高时能够吸收大量的热量而保持较低的气温，冬季温度较低时可以放出热量而保持较温和的气温。其次，水面还具有较强的蒸发作用，在夏季能够吸收大量的热量，并增加空气中水蒸气的含量，因此水面及附近区域总能保持较好的人居环境。再次，水系作为与陆地隔离的环境，存在独立的自然生态系统，存在鱼类、水生植物等生物种群，它们也是城市生态系统中的一环，具有调节环境的功能。最后，水体的柔性特质更适于景观造景，因此水系廊道都有较好的景观效果，也是提高城市生活乐趣的较好区域。

河流两侧所种植的植被也具有较好的生态调节功能。这些植被如果具有一定的宽度，就会达到如同绿色隔离带的效果。而湖面与植被相互作用，产生的生态叠加效应则更具有良好的环境调节作用。同时陆面植被与水体生态群的相互交流、相互依赖，提高了两者生态系统的稳定性，更能抵御外界因素的冲击。车生泉的调研发现："河流及其两侧的植被可有效地降低环境温度 5～10 ℃；植被完全被砍伐的河流，其月平均温度升高 7～8 ℃，在无风的情况下最高时高出 15.6 ℃。水温的控制需要 60%～80%的植被覆盖。河流植被的宽度在 30 m 以上时，就能有效地起到降低温度、提高生境多样性、增加河流中生物食物的供应、控制水土流失及河床沉积和过滤污染物的作用。"[12]

水不仅是生物生存的重要因子，而且是生态环境的重要组成部分。在人类聚居的城市生态系统中，水面发挥着重要的作用：防洪排涝、保持环境容量、美化景观、维护生态平衡等。更为重要的是，城市内水面的存在，改善了城市内部不透水下垫面的单一形式，增加了城市内的蒸散量和水分的储存量，通过水汽平衡影响城市气候。水体热容量大，蒸发水分多，增温和降温缓和，因此在冬季和夜晚地面降温时，水面起保温作用；夏季和白天增温时，水面起降温作用[13]。根据城市中最常见的水体形式，主要介绍城市中的湖泊、河流、湿地三种水体形式。

（1）湖泊是陆地表面的洼地积水形成的比较宽广的水系，它换流缓慢，且与大洋不发生直接联系，因此有别于海，通常呈现面状。湖泊水体较集中，故能对周边沿岸区域产生较好的环境调节作用。

（2）河流是陆地表面经常或间歇有水流动形成的呈线形的水道。河流中的水通常是淡水，河源的情况不尽相同，有的可能从冰川等较高的地势发源，有的可能是泉水，有的可能是湖泊。河流汇集，最终流入其他河流、湖泊、沼泽、海洋，或者流经干旱地区，水流入量比蒸发量小，或者没有遇到其他水体而干涸殆尽。河流能够在较长空间距离上改善城市环境。

（3）湿地的定义一直存在分歧，在《国际湿地公约》中，对于湿地的定义是"湿地是指天然的或人工的，长久的或暂时的沼泽地、泥炭地或水域地带，带有或静止或流动的淡水、半咸水或咸水水体，包括低潮时水深不超过 6 m 的海域。包括河流、湖泊、沼泽、近海与海岸等自然湿地，以及水库、稻田等人工湿地"。《国际湿地公约》对湿地的定义是广义的，而狭义上一般认为湿地是介于陆地与水体之间的过渡带，可以起到环境缓冲的作用。

1. 水系的生态功能

武汉市是湖北省省会，是全国特大城市、综合交通枢纽之一，是历史文化名城、楚文化的发祥地。长江最大支流汉江贯穿市境，将武汉市一分为三，形成武昌、汉口、汉阳三镇的格局，且湖泊数目众多。下面以武汉市为例来分析城市水系的主要生态功能。

（1）城市水系可以满足人们观水、亲水等需求，为人们提供重要的景观娱乐场所。武汉市的湖泊不仅自然景观资源丰富，部分湖泊还有悠久的历史文化景观，显然是武汉市民闲暇游玩的不二选择（图6.1）。同时，武汉市政府以“水”做文章，希望打造“大江大湖大武汉”的城市形象，对城市湖泊湿地的休闲旅游功能也进行了积极有效的开发。

图6.1　市民游东湖

（2）城市水系存在一定的自我净化能力，能将污染物稀释、扩散与降解，从而提高一定区域范围内的城市水体环境质量。王凤珍在“城市湖泊湿地生态服务功能价值评估”一文中通过对武汉市的湖泊净化总氮、总磷进行价值估算来反映水生态系统的水体净化功能和价值[14]。

（3）城市水系在一定程度上可以缓解气候的变化。由于水的比热较大，可以吸收大量的热量而保持自身温度的相对稳定。尤其是在夏季的武汉，白天温度较高时，水体附近温度相对较低。而水体同时也具有蒸发作用，也能消除大量的热量。江河、湖泊等大型的水体与周边环境相比温度有差异，导致空气流动，水体及周边都具有良好的空气流动环境，能够带动周边城区的通风散热。

（4）城市水系有水文调节的功能，主要体现在削减洪涝与干旱等灾害对城市带来的损失。而近年来，武汉市的洪涝灾害频发，多少与几十年来武汉市填湖建设有关联。

2. 城市滨水区

城市滨水区的宽度和自然资源在其中所占的比例决定了滨水区的保护效果，它也是城市水系的边界，具有柔性和弹力。正是这种柔性和弹力的存在也在一定程度上保护了核心区不受外围城市开发的影响，保护了生态系统的稳定。在我国的《城市水系规划规范》（GB 50513—2009）中也对滨水区的宽度做出了一定限制："滨水区规划布局应保持一定的空间开敞度。因地制宜控制垂直通往岸线的交通、绿化或视线通廊，通廊的宽度宜大于 20 m。建筑物的布局宜保持通透、开敞的空间景观特征"[15]。人们在滨水区的活动主要有游憩、商业、居住等，而对于滨水区的处理，可以向中国江南传统民居学习，为人们提供一个富有特色的生活与活动场所。

随着城市人口的扩张与城市的发展，又凭借水系得天独厚的景观优势，人们不断进行大规模的滨水用地开发。20 世纪 90 年代后期的武汉城市化发展迅速，滨水用地开发量不断上升。可以说，武汉的发展就是一部填湖史。沙湖曾经作为居于东湖之后的武汉第二大"城内湖"，在老武汉人的记忆中是一望无际的，而今天却如同"水缸"一样存在。刘伟毅在"城市滨水缓冲区划定及其空间调控策略研究"一文中统计表明，1983～2013 年，沙湖的面积萎缩了 639.33 hm^2，萎缩率高达 71.74%[16]。沙湖的填湖开发方式使得过去人们买的滨水住宅，不断被新开发的地产遮挡了视域而不再滨水。同时，滨水城市化建设不仅会对水系结构与生态功能造成破坏，而且将可能加大城市洪涝灾害的风险。

像这样的侵袭一是由于这种过渡区域性质界定较模糊，很容易形成管理漏洞，造成对滨水区的破坏，进而影响生态廊道的生态作用；二是有些作为滨水区的用地，如高校、高新企业等，虽然原本建设强度不高，对环境没有多大冲击，但是随着自身的发展、同类单位过度集中或是出于节省成本的考虑减少了防污措施，造成了对核心区的巨大伤害。例如，武汉的梁子湖原来是原生态的湖泊，水质良好，但是随着周边高校、高科技企业的增多，而这些单位缺乏对排污管理的重视，造成梁子湖的严重污染，水质由三级变为四级，经过大量治理水质才恢复到三级。所以，加强对滨水区生态保护的管理是非常重要的。

3. 水系之于城市

1）武汉：百湖之市

武汉市总面积为 8494 km^2，为湖北省土地总面积的 4.6%。武汉市地处江汉平原，大部分地区在海拔 50 m 以下。河流水系由北部向南发展，注入长江。平原部分湖泊众多，地势低平，近代冲积层厚达 30～50 m，是很好的农耕地区。

武汉市被长江和汉江分为"三镇"，长江西北方向与汉江以北方向为汉口，长江以南方向为武昌，长江以北方向与汉江以南方向为汉阳（图 6.2）。长江是中国第一大河，途径了我国 10 个省，其中汉江是它最长的支流。长江、汉江组成的水系廊道将市区分割开来，成为整个城市中最有影响力的生态廊道。这些河道拥有完整的水生生态系统，也是城市最重要的用水来源，加之其面积比较大，流经地域长且穿过主要城市中心，因此它们组成的生态廊道对武汉的人居环境改善有很大的作用。尤其是，武汉市夏季炎热，而长江常年保持 17～24 ℃的水温，而且在夏季风速较城市其他区域大，风的温度也比较低，给酷热的城市带去了很多的凉爽。另外，河流两岸的植被和绿化景观非常丰富。在武汉市域范围内的长江沿岸，建立了景色优美、生态环境良好又兼具防洪效果的滨江公园，同时整合了长江、汉江交界处的众多人文、历史景点，如黄鹤楼、首义广场、龟山电视塔等及周边的绿化公园，由此扩宽了这个重要的生态廊道，也使长江两岸成了市民非常喜爱的纳凉、观光、娱乐和活动的区域。

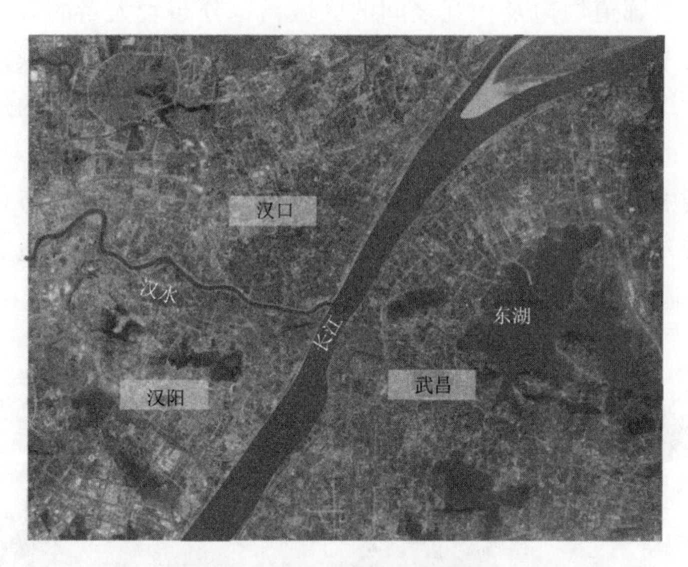

图 6.2　长江、汉江廊道布局

图片来源：在 Google Earth 截图的基础上自绘

东湖是中国最大的城中湖，湖光山色，树种繁多，是武汉的绿色生态保护区。东湖水域面积广阔，武昌城区相当大一部分区域处于其直接影响的范围，尤其在夏季改善城区热环境方面起到了很好的作用。另外以东湖为核心的生态廊道，基本遵照了“核心-缓冲区-城市”这样的廊道结构。在东湖周边有磨山、梅园等较大的自然风景区，有建筑密度不高的学校和科研所，还有较大面积的湿地和类湿地区域。这里所谓的类湿地，就是它们与传统意义上的湿地有区别，但是又有湿地的某些特征。例如，武汉盛产莲藕、各色蔬菜和各种鱼类，有很多藕塘、鱼塘、半湿半干的经济作物的生产基地依附于湖边，这些农业用地也是湖面与城市一个相互衔接的地带，具有一定的改善环境的能力，又能保护作为廊道核心区的东湖中心湖面不受城市发展的侵袭。然而这些地方不是风景保护区，缺乏相关法规的保护，也是最容易遭到侵占和破坏的，如果不及时予以保护，就会很快影响核心区的安全。在东湖与城区中的大专院校之间，还有珞珈山、马鞍山等山体组成的小型山脉廊道，并与郊区的森林公园联系起来。该山脉廊道虽然不大，只是处于东湖缓冲区的附属廊道，但是影响较为广泛和明显，周边的几所大学都得到了很好的环境影响。这体现出山体廊道的作用比单纯水体廊道要更具影响。

与东湖对应的是处于武昌中心城区南面，由汤逊湖、南湖、黄家湖等一系列湖泊组成的湖泊廊道体系，从近郊的江夏区，楔入武昌主城区，与北部的东湖、西部的长江相呼应，将武昌的城区变成丁字形的两条条带状的区域。汤逊湖、南湖也是武汉市的著名湖泊，不仅景色优美，而且物产丰富。汤逊湖、南湖、东湖等湖泊廊道周边及相互之间的区域，也分布着大量的大专院校、科研单位和高新技术产业，均是建筑密度比较低，绿化比较好的区域，其性质基本与生态廊道的缓冲区相当，或者说是几个生态廊道缓冲区叠加的地方。这片区域也成了武汉市人居环境相对较好的区域。

在汉口最中心的城区，建筑高度密集，基本没有大型生态节点，因此比较拥挤，环境较差。但是在次一级的区域，在解放大道至发展大道之间存在中山公园、解放公园、宝岛公园、西北湖公园等一系列城市公园（图 6.3），除中山

图 6.3　汉口生态公园节点分布

图片来源：在 Google Earth 截图的基础上自绘

公园和解放公园外其他公园面积都不是很大，但是相互间的距离不长，也存在水面、草地、树林等各种生态下垫面，它们相互影响，形成了“节点-节点”式的广义生态廊道，使该地域虽然建筑物也比较多，但比汉口的中心城区环境要好。这种广义的生态廊道对现实的城市中心区来说，具有更好的实施价值和可能性，而且对城市通风比较有利，是适合借鉴的一种廊道布置方式。

汉阳是武汉三镇中发展程度最低的，其中心有大片开发程度很低的区域。城区中的龙阳湖、墨水湖、南太子湖、三角湖、后官湖、北太子湖将该城区的中心区域包围起来，再加上长江、汉江在外围的影响，使这片区域环境比较舒适。目前武汉市正在采取措施，逐步将上述湖泊通过水道连成整体，成为水网、湖泊及生态资源点连通的整体景观工程，具有非常好的生态效益，一方面能起到防洪、排涝、调蓄地表水等作用，将城区建设成真正意义上的“海绵城市”；另一方面，又能突出城市滨江、滨水的景观特点，创造良好的生态城市环境。同时，这种规划方式也存在水质互相影响，不同生态区的生态平衡可能会被破坏等问题，但是一旦解决好这些实际问题，将把该生态廊道由“节点-节点”式转为“节点-纽带-节点”式。其生态联通和影响效果得到了大大的增强。

2）杭州：鱼米之乡

杭州是浙江省的省会，总面积为 16 596 km^2。其中江、河、湖、水库等水域面积占 8%。杭州地形复杂多样，西部属于浙西丘陵，东部属于浙北平原。杭州有江、河、湖、山交融的自然环境，世界上最长的人工运河（京杭大运河）与以大涌潮著称的钱塘江穿过市境，有“人间天堂”的美誉。杭州市属亚热带季风气候，雨量充沛、四季分明。年均降雨量为 1454 mm，年均气温为 17.8 ℃。春秋气候宜人，但夏季气候炎热湿润，冬季寒冷干燥。

西湖有着一面临城、三面群山环绕的格局，以其秀丽清雅的湖光山色和璀璨风蕴的人文景观被列入了世界湖泊类文化遗产（图 6.4）。钱塘江是浙江省最大的河流，经杭州湾注入东海。杭州的西溪湿地是多种鸟类的栖息地，有着丰富的动植物群落，同时也是历史文化研究的重要场所，具有较高的科普教育价值。这三大水体构成了杭州的水生生态系统，是市民茶余饭后的好去处，对于减缓杭州城市的热岛效应也发挥了极大的作用，在城市热岛内部形成低温区域和廊道。西湖和西溪湿地受保护情况良好，在它们周围一定范围内设置了建筑高度和密度的限制。而近年来钱塘江南岸的沿江发展略有失控，建筑密集，这十分不利于钱塘江生态功能的发挥。另外，杭州市区中的西湖群山由于下垫面区别于城市道路，这些山体也是调节城市高温的重要载体。

图 6.4 杭州西湖

6.2.2 山体

我国是一个多山的国家，由于山体相对平地而言较难进行建设开发，一般来说城市山体更能保持其生态环境的特点，其生态系统更能保持完整。很多山地城市依山而建，如中国的重庆、澳大利亚的堪培拉、瑞士的苏黎世等，都从山体获得了新鲜的空气和独特的地理气候。但是山体本身也会对环境产生很大影响，如在山体背风一面，将可能出现通风不畅的情况，这就要求规划城市发展的时候，要更多地因势利导，充分利用山体的特点。另外，很多城市都将山体作为公园，需要防止旅游开发和过量的游客破坏生态植被，影响山体的总体环境。城市中的山体按与城市的关系，可以分为作为城市背景的连绵山体、与城市建设相接的山体、作为市域内的城市山体等几种类型[17]。

1. 山体的生态功能

城市中的山体对城市的地貌起着重要的作用，也对城市的生态、气候也有突出的影响，主要体现在以下两个方面。

（1）山体的植被覆盖率高且植物种类多样，一方面可以丰富城市中的景观层次，另一方面茂密的植被也可以改善城市环境质量、调节城市小气候、为动物提供栖息地等。

（2）当城市中的山体作为山地公园对城市居民开放时，它不仅发挥了以上的功能，还为城市居民创造了热舒适度良好的休憩场所。

2. 山体之于城市

在城市建设与扩张的过程中，城市密度高、绿地少等问题日益凸显，每天生活在高密度、高压力中的城市居民也日益渴望亲近自然。而城市中的山体不宜用于建设开发，因此将城市中的山体作为山体公园不仅可以满足城市居民的需求，也有利于城市的自然环境保护。以济南为例，可以说济南中心城的山地面积占据了城市市域面积的14.7%，同时依靠南高北低的地形与山水资源，最终形成了“南山、北水、中城”的风貌格局[18]。在这样一座山体众多的城市中，为了处理好山体与城市之间的协调关系，城市中的24座山体将被打造成城市山体公园，包括千佛山、英雄山、燕子山等（图6.5）。同时，济南作为海绵城市的试点城市，在建设城市山体公园的同时融入“山体海绵”的概念，以起涵养水源、保持水土、降低城市洪涝风险的作用。其中，在对市中心区的英雄山改造过程中，人们就逐渐意识到山体雨水收集的生态功能。为了充分发挥山体的这一功能，引入“海绵城市”的概念以尽可能地加大山体的雨水滞留时间和渗透量。

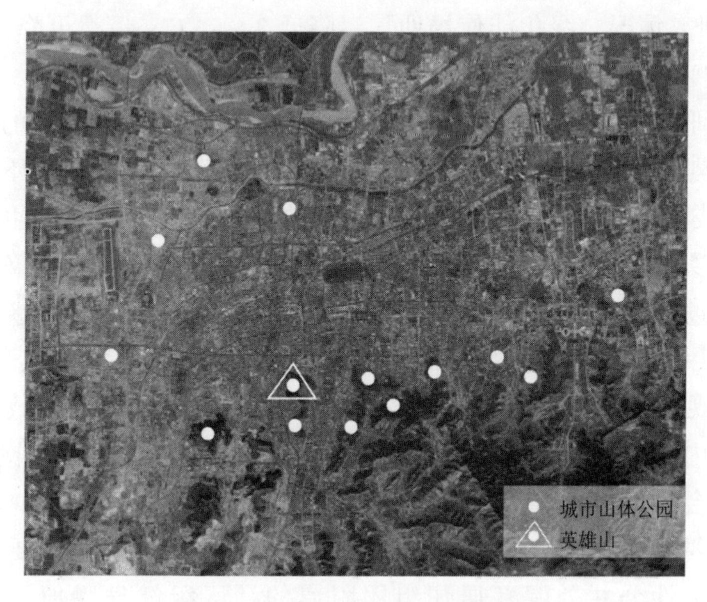

图6.5　济南城市山体公园分布图

图片来源：Google Earth 截图上自绘

6.2.3　绿地

绿地在城市中是非常宝贵的生态资源，在城市中起到了多种的功能和作用。因此，城市绿地系统规划是城市总体规划中不可缺少的一项重要内容，也是城市绿地规划设计及建设管理的重要依据[19]。城市绿地具有娱乐价值、自然资源保护价值、历史文化价值、风景价值[20]。据估计，每公顷阔叶乔木林在生长季节每天约消耗 1000 kg CO_2，释放 700 kg O_2，每公顷生长良好的草坪每天可吸收 360 kg CO_2[21]。它显示了良好的自然属性。

据有关资料显示，植物茂密的枝叶可以挡住并吸收 50%～90%的太阳辐射热，经辐射温度计测定，夏季树荫下与阳光直射的辐射温度可相差 30～40℃。另外，植物的蒸腾作用可蒸发水分，吸收大量的热量，从而降低周围的气温。相关研究表明，一株胸径为 20 cm、总叶面积为 209.33 m^2 的国槐，在炎热的夏季每天的蒸腾散发水量为 439.46 kg，蒸腾吸热为 83.9 kW・h，相当于 3 台功率为 1100 W 的空调工作 24 h 所产生的降温效应[19]。

植物的遮阳作用和蒸腾作用，也给居住环境带来明显的降温增湿效应，经过绿化的地面、墙面、屋面等，植物成为隔热层，减少室外空气与围护结构之间的热交换，使传入室内的热量大大减少。经研究表明，如果夏季城市气温为 27.5 ℃时，草坪表面温度为 22～24.5 ℃，比裸露地面温度低 6～7 ℃，比柏油路表面温度低 8～20.5 ℃；同时绿地的相对湿度比非绿地高 10%～20%[21, 22]。综合国内外研究情况，绿化能使局地气温降低 3～5 ℃，最大可降低 12 ℃；增加相对湿度 3%～12%，最大可增加 33%[21, 23]。

从以上研究可以看出，城市中的绿地可以很好地改善城市的热环境，消解由于城市热岛所出现的各种极端高温问题，尤其是缓解了热环境较差的状况。因此这类下垫面有利于改善城市热场的运行，具有较高的生态效益。在全球气候转暖的时代背景下，日益凸显的城市热岛效应问题不仅加剧了资源消耗，而且过高的室外热环境也严重影响了城市人群的身体感受和心理健康。城市公共绿地作为城市呼吸的“绿肺”能够有效缓解城市热岛效应问题，它不仅在宏观层面上影响地区及区域的环境气候条件，而且在城市街区等中小尺度范围内对周边室外公共空间的热环境产生直接的调节作用。公共绿地是带有社会福利性质的市政公用设施之一，作为人群休闲、交流、集散等功能的主要场所，其空间使用频度较高。城市公共绿地主要包括城市区域中心的综合性公共公园、居住组团附属的社区级健身绿地、江河湖海等水体沿岸的公共绿道系统及特定地理区位的大型郊野公园等几种较为常见的分布类型。

1. 绿地的生态功能

城市绿地是城市生态系统的重要组成，可以说，它对美化城市、改善城市生态环境发挥了很大的作用。

（1）植被与透水和非硬质的下垫面具有蒸腾和蒸发的共同作用，由此保持一定区域范围内具有较适宜的湿度和微气候环境。绿化能增加相对湿度，同时，大面积或浓密的城市绿地还会对城市的温度、湿度和风速有一定的调节作用。

（2）绿地具有固碳释氧功能。植物通过光合作用吸收光能，将 CO_2 与 H_2O 转换为有机物与 O_2。绿地的这一功能可以控制大气中的 CO_2 浓度，一定程度上减缓全球变暖的趋势。

（3）城市绿地还具有截留降水、涵蓄水源、补充地下水、保持水土、防风固沙、缓和地表径流和净化水质等功能。同时，城市绿地可以进行降水再分配，从而减轻干旱、洪涝和其他自然灾害的危害。

（4）绿地除了调节大气中的碳-氧平衡外，还可以吸收大气中的有毒气体，如 SO_2 和烟尘，可以消减噪声。植物滞留、吸附、过滤灰尘的作用可以减少大气降尘量。北京市测定，夏季成片林地减尘率可达 61.1%，冬季也有 20%左右；街道绿带减尘率为 22.5%～85.4%[24]。

（5）相对于城市中混凝土的房屋、不透水的道路等硬质城市结构来说，绿色植被属于柔性的城市结构，符合处于城市中的人们对于舒缓心理的需求。城市的居民在闲暇时都喜欢到城市公园、森林公园等地方游玩，既能得到美的享受，又能陶冶情操。此外，人类呼吸的空气、吃的食物、穿的衣服等都来自自然，因此对大自然有着很强的依赖性。同时，很多植物的生态系统也对人的健康和情绪有积极健康的影响。

2. 绿地之于城市

绿地对于城市的意义，这里以中央公园与纽约的关系为例。纽约可以说是美国最为拥挤的城市，而曼哈顿又是纽约城市中建筑密度最高的区域。人们熟知的百老汇、华尔街、帝国大厦、格林尼治村、中央公园、联合国总部、大都会艺术博物馆、大都会歌剧院等名胜都集中在曼哈顿岛，使该岛中的部分地区成为纽约的中央商务区。不难想象，生活在这样一座繁华的国际大都市中，城市居民也面临着高强度的工作、激烈的竞争压力、日渐污染的城市环境等问题，而岛上的中央公园可以说为他们带来了在都市中亲近自然的慢生活体验（图6.6）。纽约中央公园位于纽约市中心曼哈顿，它体现了突出自然、以人为本、空间灵活可塑、流线合理、交通方便等特点[25]。在这座繁忙的大都市中心放置如此大而美丽的自然公园，不仅成为这个城市的一道亮丽风景线，也为该公园周边地区带来了较好的人居环境。

图 6.6 纽约中央公园

图片来源：汇图网 http://www.huitu.com

6.3 人工生态环境

城市生态廊道目前还没有统一的定义，一般将其确定为城市中有别于建筑、街道等硬质不透水面，空间比较开放和连续，具有较大比例的自然生物种群，自然环境较好的区域。

高建强等认为：“廊道是指具有线性或带形景观的生态系统空间类型和基本空间元素，其最基本的空间特征是长宽比。城市廊道，按其生成的方式可以划分为三种类型:自然廊道、人工廊道和自然/人工廊道。生态廊道并不局限于一条都市绿色廊道或景观绿带，从空间结构上看，生态廊道的构思更主要的是由纵横交错的廊道和绿色节点有机构建起来的绿色生态网络体系，是城市社会、经济、自然复合系统重建的绿色战略构想和行动方案，因此具有整体性、系统内部高度关联性等不同于单一城市廊道的特征。”[11]

李静等认为：“景观生态学中的廊道是指具有线性或带形的景观生态系统空间类型，‘斑块-廊道-基质’是最基本的景观模式。城市生态廊道是指在城市生态环境中呈线状或带状空间形式的，基于自然走廊或人工走廊所形成的，具有生态功能的城市绿色景观空间类型。城市生态廊道不仅对城市的环境质量起到改善作用，树立城市的美好形象，而且对城市的交通、人口分布等都有着重要的影响。”[26]

马志宇等认为：“廊道是景观生态学中的一个概念，指不同于两侧基质的线状或带状景观要素。城市生态廊道指在城市生态环境中呈线性或带状布局的，能够沟通连接空间分布上较为孤立和分散的生态景观单元的景观生态系统空间类型。”[27]

生态廊道虽然千变万化，但是一般来说有着较为固定的结构形式。其结构主要分为以下几种形式。

1. 核心-缓冲区-城市

在这种形式中，生态廊道的中心就是其核心区域。这样的中心可以是城市的树林、山地、大片的绿地等，也可以是各种河流、湖泊的水体部分。它们也是城市生态环境的核心部分，是最能够改善城市人居环境的地方，其调节能力也是最强的。核心区必须要有一定的面积，其空间特点必须是较为单纯的自然环境区域，能够在一定程度上与城市的建筑群分割开来，并保证各种动植物种群的发展和繁衍不受到城市其他表面介质的影响。缓冲区是核心区向城市建筑区过渡的区域，表现为水陆交接的湿地、逐渐稀疏的植被、低密度开发的建筑区等。其特点为人类建设与自然环境相互交合，其环境体现了人类环境与自然环境的共同特点。生态廊道的核心区与城市人工环境在这里进行空气交换、污染物质消解等过程。缓冲区的宽度和自然资源在其中所占的比例决定了缓冲区的保护效果，它也是城市生态廊道的边界，具有柔性和弹力。正是这种柔性弹力的存在也在一定程度上保护了核心区不受外围城市开发的影响，保护了生态系统的稳定。一些生态廊道的缓冲区没有足够的宽度，只能起到边界的作用。在受到外界冲击时缺乏保护纵深，经常会直接影响核心区的稳定。

2. 节点-纽带-节点

这种类型的结构首先在城市中必须要有一些具有生态节点特征的区域。这种区域可以是一些生态资源比较集中的地方，并且与周围人工环境有明显的区别，如公园、集中绿地等。纽带主要表现为以生态植物为介质，连接节点之间的通道，其具有条状的特征。这种结构的安全性在于纽带在城市中是否有足够的宽度，是否能确保纽带连接节点的牢固。而纽带是否具有牢固的特征，是根据其是否能满足动物迁徙、廊道生物种群能否通过纽带进行生态链的循环等来确定的。常见的纽带形式有河流、绿化带等。

3. 节点-节点

在“节点-纽带-节点”这样的生态廊道结构中，在有些时候也存在节点之间距离比较近，而中间没有纽带相互联系的情况。这时候当每个节点都能对周边的人工环境有影响的辐射范围，而这些辐射范围又能在一定程度上相互重叠的情况下，可以认为此时的节点和节点相互作用，构成了广义上的生态走廊。例如，城市中如果有一系列的公园、绿地，或者有一系列小型的水面，虽然彼此并不连接，但是通过空气流动，能够整体上形成城市的通风走廊，也成为了实际意义上的生态廊道。当然这种生态廊道由于节点之间不能相互连接，其廊道的空间关系不如前面几种结构那么紧密，但是其并不要求节点之间有纽带连接，因此可以对交通和城市发展留出适当的通路，是比较能够在城市发展中被实现的廊道形式。

生态廊道是将城市中孤立的、面积较小的生态资源点联系成为完整的、具有与城市进行生态交流的生态网络。其一般表现为线状或是带状，但是在某些情况下也具有广义化的、非线性的形态特征。生态廊道在城市中起到了多种的作用，尤其是在提高人居环境方面。其主要功能可以分为以下几点。

（1）缓解热岛效应、切断城市热场。城市因为建筑物密集、不透水下垫面多、污染形成的温室效应严重，城市温度高于周边市郊，形成热岛现象。生态廊道则具有缓解夏季高温、降低廊道本身和周边气温的能力。首先从陆地廊道系统来看，绿色植被可以从三个方面极大地降低周边的温度。一是植物的蒸腾作用可以从植被中蒸发水分，这些水分在转化成为水蒸气的过程中会吸收大量的热量，由此降低周边的热量；二是光合作用本身就是植物吸收太阳辐射能的过程，也是一个吸热过程；三是对于大型植被，如高大的树木等，可以利用繁茂的枝叶遮挡太阳光，使建筑物和道路处于阴影中而不会吸收太多的热量。当然，不同的生态植被，对降低夏季温度的能力是不一样的。例如，各类草坪不具备遮挡太阳直射的能力，光合作用等各方面的功能也较弱，因此调节温度的能力也较弱。从水系廊道来看，河流、湖泊等对缓解热岛效应也有很大作用。由上面的研究可以看出，在夏季城市中心普遍高温，热岛效应强烈的情况下，生态廊道依然保持合理的温度，改善了城市热环境的结构。具有大量植被和水体的生态廊道可以保持较适宜的温度和微气候，减少城市的炎热和干燥。如果把城市比作一个个温度较高的孤岛，生态廊道就是这些高温孤岛的低温沟壑。这些沟壑将高温区分开，阻止了高温和不同热源的叠加效应，成为降低热岛效应的有效手段。

（2）调节城市微气候环境。生态廊道属于城市中的开放空间，成为城市中改善通风环境的重要方式，也能够阻挡强风的侵袭。加上前面所说的缓解热岛效应的作用，生态廊道可以在城市中为其本身和周边一定范围产生良好的微气候环境。

（3）景观和休憩功能。城市中的生态廊道都是自然风景比较好的区域。城市中很多的生态廊道元素公园、山林、河流、森林公园等，城市的居民在闲暇时都喜欢到这些地方游玩，既能得到美的享受，又能陶冶情操。

（4）对城市生态链的保护。城市中的各种生物受到城市快速的发展和密集建筑的挤压，其生存环境受到了威胁。而生态廊道将各种孤立的、分散的生态环境连接起来，使其能够相互作用和依赖，形成完整的生态链。例如，各种动植物可以在生态廊道中进行交配、繁衍、取食、迁徙等生存行为，尤其是水系中的各种鱼类、水生植物不仅可以构成完整的生态系统，还可以与岸边的陆地系统进行交流，互相弥补生存需要的元素。由此生态廊道的作用就是使城市中的动植物在城市冲击而离散化的情况下保持生态系统的平衡，成为生态资源点相互交流的通道。

（5）对城市发展的保护和限制。城市的生存和发展离不开对自然的依赖，城市居民呼吸的空气、饮用的水、吃的食物、使用的能源都来自自然，而城市产生的各种废弃物也需要由自然来消解。以往的城市面积不大，与市郊的自然环境能够保持较好的联系。但是随着现代城市的迅速膨胀，城市的面积急剧扩大。一些大都市的人口突破千万，市域面积更是扩大了数倍，而且还在不断地快速发展中。这些城市的市中心已经离市郊的自然环境越来越远，自然界对城市负面环境问题的缓解作用及对城市中心的支持已经越来越弱。城市居民越来越难以接触到自然，空气混浊、污染严重、通风不畅、热岛效应强烈等问题越来越严重。这个时候，城市生态廊道就起到了改善人居环境，替代原有市郊自然环境部分功能的作用。正是有生态廊道的存在，城市中心很多无法接触到市郊自然环境的问题得到解决，也使城市的快速发展得到保障。另外，在城市中和城市外建立生态廊道，并严格地予以保护，也能够防止城市发展的无序和无节制。例如，在城市内部，固定地建立生态廊道就可以防止城市建筑的过度聚集；在城市外部，生态廊道也防止城市无限制地向外扩张。

（6）交通功能。对于一些以道路为基础的廊道，不仅起到了降低建筑密度、开辟城市开放空间的功能，同时也成为城市中交通的纽带，如城市的主干道、环线等。这些道路廊道尤其要注意，在道路两边要布置一定宽度的绿化带，并对其硬质道路面进行遮阴、透水化等处理，让其在保证交通的同时，也能起到与其他生态廊道相似的作用。要注重交通流量的限制，过大的交通流量也会使这些廊道不仅没有起到生态廊道的功能，甚至成为污染和人工排热的集中点。因此廊道的交通功能应该与生态廊道的其他元素和其他功能混合应用，并认真评估其影响，争取设计出的交通廊道不会对城市生态产生过多负面干扰。

6.3.1 城市绿道

城市中的陆地一般是主要的表面介质，因此陆地上绿化构成的廊道也是城市中廊道的主要存在方式。在城市中，比较大的绿地，一般具有一定面积，而且生态系统较为完整，能够为城市输出新鲜的空气、排泄污染、调节气温，是城市环境改善的重要组成部分。而这些陆地植被的面积和宽度，或相互间是否能够联系在一起形成实际意义上的生态廊道，是其对城市所起作用的关键因素。目前有很多这方面的研究。付劲英等认为："廊道宽度与物种多样性间存在临界阈值的问题。不同的物种对绿化带廊道宽度的需求不同。以草本植物和鸟类为例，12 m是区别线状和带状廊道的标准，对于带状廊道而言，宽度在12～30.5 m时，能够包含多数边缘种，但多样性较低；宽度在61～91.5 m时，具有较大的多样性和内部种[28]。"

1. 绿道的形式

这种类型的廊道可以分为几种次一级的形式。

1）绿带隔离带

绿带隔离带可以算作最典型的生态廊道形式（图 6.7）。一般城市中建立绿带就是为了阻断城市污染和无限制的扩张，为周边的居民带来良好的人居环境。绿带设置要考虑的问题如下。①有一定的宽度才能起到作用。太窄的绿带隔离带无法阻隔污染，也不能带来生态环境的有效提升。绿带一般较宽，从数百米到几十公里不等，如我国的上海市外环线绿带规划宽度为500 m，而英国伦敦的绿带廊道宽度由几公里到几十公里不等[12]。②绿带隔离带必须形成完整的生态体系，考虑多种生物的搭配。高大的树木、矮小的灌木、伏地的草本植物，外加生活在其间的各种动植物，这些植被和种群相互作用，形成一定的生态平衡，才能够形成不需要外界干预而保持生态循环的区域，并进一步成为城市的生态资源点，同时也能形成远近高低的搭配，满足景观的需要。③绿带隔离带是一个整体，如果有截断或是局部的破坏可能就会导致隔离带的生态系统无法很好地运行。例如，公路打断绿带隔离带，有可能导致其间动物的迁徙路径受到阻挡而影响它们的繁衍。由于城市的发展，过去很多作为城市外围的绿带隔离带被纳入到城市的范围中，有些甚至成为城市中非常重要的地段，如何在不破坏绿带隔离带的情况下保持城市交通的畅通和城市活动的进行，是现代城市环境保护的重要问题。同时，更要防止由于经济利益而对绿带隔离带进行的破坏，由此降低了绿带隔离带对提高城市人居环境、保持城市可持续生态水平的能力。

图 6.7　绿带隔离带

2）城市公园

城市公园就是在城市中依据天然或是人工的自然环境，建立的开放性空间。它设置的目的就是给城市中的人们有亲近自然、呼吸新鲜空气的机会，也为城市中的人们放松心情，进行休憩和娱乐活动提供场地。城市公园中一般具有较大面积而且完整的绿地，对于周围密集的建筑物来说也是很好的生态交换和通风换气的廊道。20 世纪 90 年代以后，城市公园设计往往需要通过对场地的生态、历史、文化、技术革新和社会的内在与外在系统充分理解和融合，创造出一种跨越自然和人工的，结合理性和感性的新的综合性城市公园，并在多重设计思想的指导下提供多样的基础设施，以适应系统持续的发展变化[29]。因此，城市公园作为廊道的同时，还可以被赋予更多的人文意义。

3）城市森林

科奈恩德克（Konijnendijk）对城市森林（urban forest）的定义为[30]："城市森林是特定城市地区内或附近的森林生态系统，其使用和相关的决策主要受制于当地城市相关人员及其利益、价值和准则。"有研究表明[31]："一座具有城市森林特色的城市，可给居民提供 50%的薪材、80%的干鲜果品，可降低取暖费 25%，可增加房租 15%～30%，还可以提供清凉饮用水，如美国东部的一些城市，由于城市森林的效果，出现了清凉饮用水源头；巴西圣保罗市周围营造 5000 hm^2 水土保持林，10 年后解决该城市饮用水的 40%。此外，优美、安静的城市森林环境，对人类脉搏跳动率、血压、智力波动等都有明显的治疗作用"。出于对保护环境和维护自然种群的要求，国外都对城市森林的建设和管理非常重视。欧美城市森林规划属于城市开敞空间规划系列，有两个发展方向，分别是以美国为代表的针对树木的管理性规划和以英国为代表的围绕城市森林用地的规划[32]。我国目前城市化进程很快，城市用地被大量用于土地开发，城市森林受到了严重的挤压，因此各地也有相关规划和要求对城市森林进行保护，武汉马鞍山森林公园得到当地政府的大力保护和建设，至今已成为城市重要的生态节点（图 6.8）。

图 6.8　武汉马鞍山森林公园

4）组团化的绿地

组团化的绿地主要是城市公共空间、绿化广场或是居住区中较大面积的绿地。一般的小型绿地过于离散化，因此无法对城市产生明显的影响。要达到生态廊道的效果，这样的绿地必须达到一定的面积或是在足够大的范围内能够相互连接。很多时候，这些绿地也是城市公园和森林廊道的延伸和联系纽带。

这几种次一级的廊道有时候经常采取混合的形式出现。例如，在大型公园里存在有森林和组团式的绿地，它们也共同构成了城市中陆面上的生态走廊的形式。这样的生态走廊有比较多的例子。海德公园（Hyde Park）是英国伦敦市区最著名的也是最大的公园（图 6.9），占地 250 多公顷，公园中有森林、河流、草原，静温悠闲，其著名的皇家驿道，道路两旁巨木参天，整条大道就像是一条绿色的“隧道”[33]。

图 6.9　伦敦海德公园

2. 绿道之于城市

绿道对于城市的意义，可以是环绕城市，做城市外围的生态资源保护圈，为城市提供资源、新鲜空气和生态屏障；也可以深入城市内部，成为城市通风降温的渠道。这里以北京的绿地公园发展为例。北京作为首都，承担关系国计民生的多种政治、经济职能，因此城市人口庞大、建筑密度高。同时城市发展迅速，原来作为近郊的丰台、朝阳、海淀都成了城市的增长点。因此，如何整合北京的各类绿化公园，并形成内外相互呼应的生态廊道，对于城市的生态可持续发展极为重要。

1）外圈保障性廊道

北京处于华北平原西北边缘，西部是太行山山脉余脉的西山，北部是燕山山脉的军都山，形成一个半圆形的大三湾[34]。此外北京周边有永定河、温榆河、新凤河环绕形成的外围河流廊道。这些大型的山体和河流共同组成围绕北京城区的外围生态廊道，这个廊道与城市郊区的结合部在北京的六环线附近。该廊道生态资源丰富、占地范围广，对城市的急速扩大起到了较好的限制作用。同时，它也是北京城市的空气流、能量流、物质流交换的保障地，从总体上对城市气候、人居环境、生存物质提供等方面起到了重要作用。

近年来，北京市除了在城市中心区建立了各种形式的生态绿地，也在城市郊区围绕五环交通线建立了很多的绿化公园并逐渐连接成围绕城市中心区的生态条带，形成提高城市人居环境水平的环城绿化保护廊道（图 6.10）。该廊道不仅具有提高绿化面积、增加生态交流、改善人居环境等作用，更由于该廊道与城市中心较近，能够成为城市居民休息娱乐的场所，能够从身体和精神上给城市居民带来愉悦。

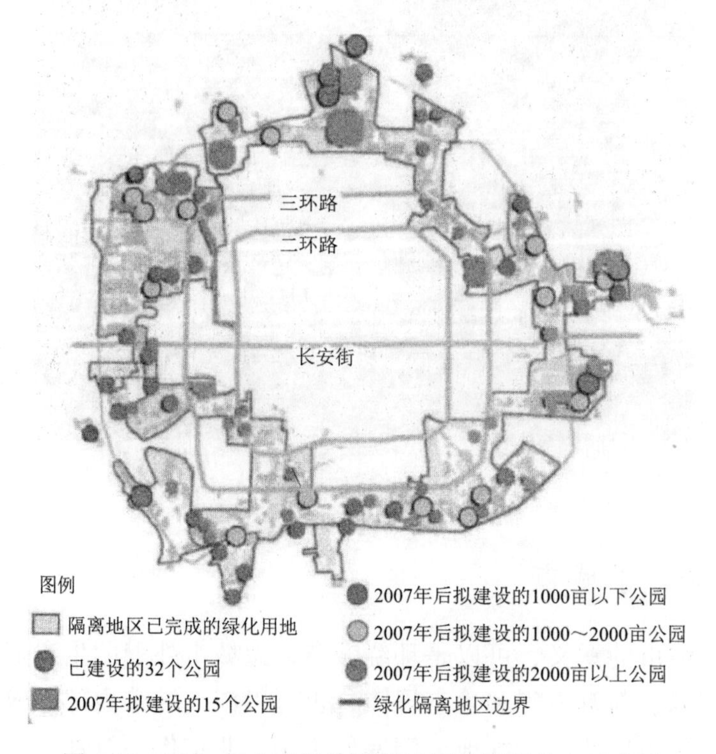

图 6.10 2007 年北京绿化隔离地区公园环分布示意图

图片来源：网易新闻 http://news.163.com/07/0605/08/3G7A3D1K000120GU.html

此外，北京的交通环线特征明显，每层环线都有足够宽的距离和一定的沿线绿化。因此北京从处于城市中心的二环交通线开始，直到最外层的六环线，每层环线都可以看作交通与绿化相结合的廊道。这些廊道都具有通风、排污等作用。

2）中轴线廊道

原北京皇城中轴线从永定门到钟鼓楼，全长 7.7 km，是古都北京的中心标志，也是世界上现存最长的城市中轴线。依附于这条中轴线，从天坛公园，经故宫博物院，至奥林匹克公园而成的廊道也是这个繁华大都市的一条非常重要的生态廊道。这条廊道不仅起到重要的交通作用，还对城市生态建设和通风缓解热岛效应起到重要作用。这条廊道由于空间开阔，风速较大，在夏季会对城市热环境有利，但是在冬季，会造成活动人员的不舒适性。

3）局部廊道

北京在元大都城垣遗址公园附近建立了全长 5 km 左右的带状公园，利用原有的护城河遗址新建滨水景观，为城市居民提供了亲水的绿地平台，在城市繁华的中心区形成一个宁静的生态环境优美的走廊。

位于故宫博物院附近的一系列水面，由“西海”“后海”“前海”组成的“什刹海”，由“北海”“中海”“南海”组成的“前三海”相互联系，成为一个处于城市中心的水系廊道。该廊道为处于北方干燥天气下的紫禁城及周边地区带来了较好的人居环境，很好地发挥了增加空气湿度、缓解热岛效应等水系廊道的优点。目前这些地方把水景和城市历史文化保护、商业发展等内涵结合起来，已经成为北京具有特色的景点和娱乐休闲区。

另外，北京有一条水体为连接机制的生态廊道（图 6.11），这条廊道也是北京最重要的供水渠道之一。这条廊道由颐和园中的昆明湖开始，将一系列的水渠、公园、河道连接起来，形成了一个在北京二环和四环主城区之间环绕穿插的水网和生态环境系统。该体系充分应用了“节点-纽带-节点”这种生态廊道形式，不仅提供了城市生活环境所必需的水源，也整合了城市中零散的生态资源，形成一个能够进行能量交换和生物迁徙的通道，对北京的人居环境建设起到了重要的作用。同时，该水系廊道周边也有较大面积的绿化廊道或生态缓冲带的存在。例如，起点昆明湖，周边不仅有颐和园、圆明园这样自然环境丰富、植被众多的公园，还有清华大学、北京大学等高校，这些高校建设密度低、绿化率高，可以看作较好的生态缓冲区。这些区域加在一起，几乎占据了北京市的西北角，成为城市郊区向中心城区过渡的桥梁，将周围城区较好的环境和适宜的新鲜空气传入市区。而像玉渊潭公园、紫竹院公园、动物园等城市公园，

图 6.11　北京水系廊道

图片来源：在 Google Earth 截图的基础上自绘

也成了城市中景观较好、环境舒适、建设密度低的地方，在密集的城市中心区为改善城市环境起到了重要作用。

以上就是北京城市中比较典型的生态廊道的存在形式，主要表现为以城市中的公园、湖面等为节点，以环形水道、交通环线为联系纽带，连接城市内部与周边郊区的环形生态区。

6.3.2 人工公园

1. 人工公园的类型

公园在城市绿地系统中与民众生活联系最为紧密，且发挥着巨大的社会与生态效益。公园的数量和质量也已成为建设生态城市与宜居城市的重要标准之一。自 2002 年 9 月 1 日实施的《城市绿地分类标准》（CJJ/T 85—2002）中，将城市绿地分为公园绿地（类别代码为 G1）、生产绿地（类别代码为 G2）、防护绿地（类别代码为 G3）和附属绿地（类别代码为 G4）四个大类，其中公园绿地的内容和范围定义为：向公众开放，以游憩为主要功能，兼具生态、美化、防灾等作用的绿地；向下分为综合公园（类别代码为 G11）、社区公园（类别代码为 G12）、专类公园（类别代码为 G13）、带状公园（类别代码为 G14）和街旁绿地（类别代码为 G15）五个中类，服务受众的目标对象及人群数量不尽相同。根据《公园设计规范》（CJJ 48—92），公园的服务半径指的是公园为市民服务的距离，即公园入口到游人住地的距离，其控制值分别是：市级综合性公园服务半径为 2～3 km；区级综合性公园服务半径为 1～1.5 km；城市小游园服务半径为 135～270 m。

2. 人工公园之于城市

公园对于城市的意义，这里以武汉的园博园为例。2012 年武汉成功申办第十届中国（武汉）国际园林博览会（简称园博会），而武汉的绿地密度较低，因此将园博园的选址定在了武汉绿地系统六大绿楔中的府河绿楔中三环线上，地跨东西湖区、江汉区、硚口区三个行政区（图 6.12）。难以想象，原基址的用地是对城市环境造成严重污染的 40 hm^2 垃圾场，将垃圾通过填埋、焚烧等方式来修复园博园用地的生态环境，可以说这是历届园博会的一次创举。这样的选址一方面提高了该区域的绿地系统建设，另一方面在园博会结束后整个园区可以作为周边市民的公共活动场所。在确定了园博园选址后，专家对垃圾场的环境进行了分区研究与治理。在园博园中，设计师的造园手法各不相同，除此之外还运用了海绵园区、废物利用、因地造景等生态设计策略。

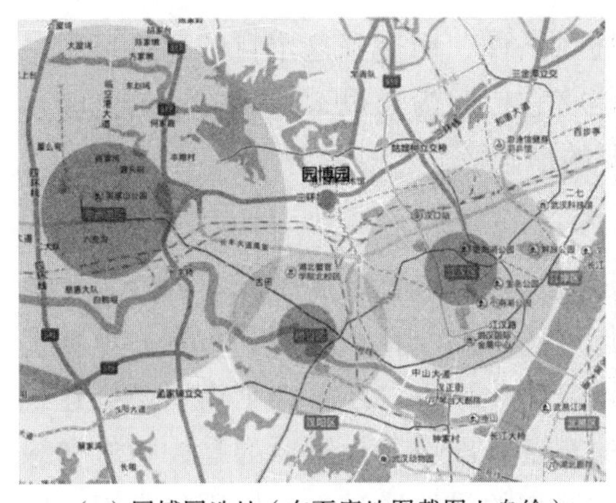

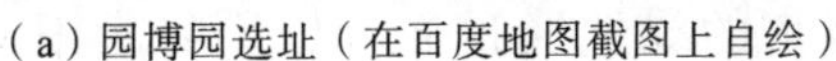
（a）园博园选址（在百度地图截图上自绘）

（b）园博园建成环境

图 6.12　武汉园博园选址与建成环境

6.3.3　城市通风道*

近年来，城市的大规模建设及生活质量的提高使城市建筑更加密集，汽车、空调也不断增多，由此带来的热岛效应迅速增强，城市的排热功能更显不足，光靠城市循环功能已无法有效地排出自身所产生的热量。这从城市与郊区的温差越来越大可以明显地看出来。除了高温等自然因素，城市夏季温度居高不下，很大程度上是因为通风不畅，城市热量大规模聚集却缺乏有效的排热手段。所以，建立城市通风道，利用郊区的风帮助城市排风降温、改善热环境是非常必要的。

1. 通风道的形式

对于城市通风道来说，最简单的形式就是将街道扩宽，在正常发挥交通功能的同时作为城市通风道使用。光滑的下垫面相比粗糙的下垫面更适宜风等流体的运动，因此在这种通风道形式下，风速比较快而且风的运行不受阻挡，温度较低的空气比较容易进入温度较高的城区，在理想状况下，这种通风道形式也是最为有效的。但是，这种理想化的形式在城市中往往很难做到，只有通风道的宽度在 150 m 左右时才能在城市尺度上形成较为理想的效果。而这么宽的街道在城市密集区往往是不可想象的。城市经过多年的发展，已经在一定程度上形成了一个紧密的整体，尤其是市中心更是达到了拥挤的程度，要在这些区域拓出如此宽的街道，从财政、经济发展的角度讲几乎是不可能的。而且过宽的街道也带来各种负面影响，如大量土地浪费、街道因距离过宽而显得空旷等。所以应该考虑多样的布置形式来避免上述各种不利因素。另外，通风道的设置

*6.3.3 是作者已发表文章《基于气候调节的城市通风道探析》的部分内容，原文曾发表于《自然资源学报》2006 年 21 卷第 6 期。

主要是为了降低城市的温度，改善城市通风条件，而达到这个目的还可以有一些隐性的设计手段，从广义上理解，仍能将它们归为通风道建设方法的范畴。所以从总体上看，通风道有以下一些主要的形式。

1）多样布置街道

为了达到通风道的要求，在布置街道时可以考虑整合多种城市功能，使通风道同时具有生态、娱乐、休闲等多种作用。例如，在街道两旁布置一定宽度的绿化带或是一定面积的绿地公园不仅可以美化环境，还增加了街道两边建筑之间的横向间隔距离，从而满足通风道的宽度要求。更加重要的是，树木和绿地也是调节城市热环境的有效手段之一。城市的绿地通过光合作用将太阳辐射能转换为化学能，由此吸收环境中大量的热量。同时，还可以在道路周围建立活动区或是建筑边缘的休闲空间，布置为行人服务和供市民休憩的场所，如法国巴黎香榭丽舍大道那样，在街道外侧建立第二人行道为路人服务[37]。这在满足美化城市，提高城市活力的同时，也为通风道的扩宽创造了条件。

2）整合生态绿地增进效果

充分整合城市内部和近郊的大型生态资源，如湖泊、森林等，并予以严格保护，使它们成为通风道的倍增器和中转站。这些生态下垫面自身就是提高大气环境质量、降低城市温度的主要载体，能为城市产生更多的清凉风。当然，每个湖泊、每片绿地只能是一个“点”，要充分起到通风道枢纽的作用，一是要注意尽量将各类生态用地相互整合以提高整体对气候条件的适应性，二是要注意其向城市中的延伸，最好能与其他通风道相连接。

3）建立广义形式的通风道

前述所说的通风道的形式都是比较具象的，还有一部分通风道则是比较特殊的形式。这些形式涉及城市的很多方面，隐性地达到通风道的效果。

（1）降低建筑密度。在城市高密度地区，通风不畅，人口众多，空调、汽车产生的热量大大加强了城市的热岛效应，所以温度高，热舒适性差。如果能降低建筑密度，就能够增大建筑的间距，从而使风能够进入城区中，起到降温排热的作用。而降低建筑密度可以有很多的方式，如将多层建筑类型改为低密度的高层建筑类型，将长条式建筑改为点式建筑，多开次等级的道路等。这些方式留出了风流动的空间和渠道，客观上起到了通风道的作用。

（2）采取高低层建筑结合的模式。高层建筑过密对城市通风是非常不利的，因此沿街的高层建筑应退后一定距离，留出一定的空间。这无论对城市通风，还是对高层建筑的人流疏散都是很有好处的。此外，为避免空间浪费，还可以将这部分空间处理为低层建筑或是高层建筑的裙楼。因为只有在一定高度的情况下考虑通风才有意义，太接近地表面的通风道，其效果在城市范围上是不充分的。因此在城市规划设计中，可以采用不同高度建筑的灵活布局，为城市的通风创造条件。在很多情况下，上述各种方式并不是独立存在的，有时需要共同作用来达到目的。特别在大型城市，个别通风道的作用将会是比较有限的，只能在局部起一定作用。因此，应该在条件许可的情况下尽可能让各种通风道产生整体效应，或者是考虑建立符合具体地段情况的专用通风道缓解个别气候特别炎热区域的状况。总之，建立通风道的原则是因势利导，在现有的气候与资源条件下，在城市自身通风状况的基础上加以引导、改进，使之系统化、完善化、宜居化。

2. 通风道之于城市

除了上面提到水体的生态功能外，水体在城市风环境的气候调节方面也起着很重要的作用，如果进行一定的优化与改造，可以更加有效地发挥其潜力。因此在尽可能的情况下，可以对城市布局进行适应风环境和水体改善气候环境要求的调整，构建适宜的水体-风环境-城市生态系统。尤其在大型水体的比邻区域，城市开发强度、建筑排置方式、房屋体型和高度等问题都应该有所控制，不应对通风、景观等城市公共利益产生遮挡，否则会极大干扰水体的通风排热作用，使水体对城市的有效作用无法发挥。以武汉为例，武汉市域内的长江、汉江、东湖三大主要水体就构成了城市中的自然通风道，但在城市建设的过程中水体附近的城市用地开发应稍加控制，以充分发挥自然通风道的潜力，改善城市环境。

在通过城市主要道路、城市绿地、建筑等建立人工通风道时，除了考虑建筑的高度、密度、道路宽度、绿地面积等影响因素外，还应当考虑城市的主导风向。例如，武汉市夏季主导风向为东南风，汉口的一些传统城区的街道布置的旧有格局就采用平行或垂直于主导风方向的形式以适应主导风的传播。在建立城市通风道的时候，应尽量选择顺应城市主导风向的布局。

城市通风道并不是一个简单意义上的通道，它是建立于城市区域之间的热传递走廊。可以说，充分利用这个廊道和风的流体特性，让适宜的环境要素影响扩散到城市中热环境较差的地区，具有不同寻常的节能意义。

参考文献

[1] 李丽萍. 城市人居环境[M]. 北京: 中国轻工业出版社, 2001.
[2] 吴良镛. 人居环境科学导论[M]. 北京: 中国建筑工业出版社, 2001.

[3] 王宝君. 从《雅典宪章》到《马丘比丘宪章》看城市规划理念的发展[J]. 中国科技信息, 2005(8): 204-212.
[4] 周永红, 常康民. 适应气候的建筑[J]. 陕西建筑, 2008(2): 1-2.
[5] 陈志华. 外国建筑史[M]. 4 版. 北京: 中国建筑工业出版社, 1979.
[6] 邹德慈. 从人居环境科学的高度重新认识城乡规划[J]. 城市规划, 2002(7): 9-10.
[7] 吴良镛, 毛其智. “数字城市”与人居环境建设[J]. 城市规划, 2002(1): 13-15.
[8] 刘平, 王如松, 唐鸿寿. 城市人居环境的生态设计方法探讨[J]. 生态学报, 2001, 21(6): 997-1002.
[9] 李长坡, 赵新军, 吴国玺. 城市人居环境与城市竞争力关系的定量研究[J]. 统计与决策, 2007(12): 116-118.
[10] 熊鹰, 曾光明, 董力三, 等. 城市人居环境与经济协调发展不确定性定量评价: 以长沙市为例[J]. 地理学报, 2007, (04): 397-406.
[11] 高建强, 赵滨霞. 城市区域生态廊道的含义、功能和模式[J]. 能源与环境, 2007(6): 77-78.
[12] 车生泉. 城市绿色廊道研究[J]. 城市规划, 2001, 25(11): 44-48.
[13] 王超, 王沛芳. 城市水生态系统建设与管理[M]. 北京: 科学出版社, 2004.
[14] 王凤珍. 城市湖泊湿地生态服务功能价值评估: 以武汉市城市湖泊为例 [D]. 武汉: 华中农业大学, 2010.
[15] 中华人民共和国住房和城乡建设部. 城市水系规划规范：GB 50513—2009 [S]. 北京：中国建筑工业出版社，2016.
[16] 刘伟毅. 城市滨水缓冲区划定及其空间调控策略研究 [D]. 华中科技大学, 2016.
[17] 赖剑青, 张德顺. 浅谈城市扩展过程中的城市自然山体的保护及对策[J]. 安徽建筑, 2012(4): 7-8, 11.
[18] 尉群, 陈楠, 陶然, 等. 山体保护及周边景观规划策略研究: 以济南市为例[J]. 城市开发, 2016(24): 70-72.
[19] 刘骏, 蒲蔚然. 城市绿地系统规划与设计[M]. 北京: 中国建筑工业出版社, 2004.
[20] August H. Open space: the life of American city[M]. New York: Harper & Row, 1984.
[21] 白雪莲. 实现节能与健康的绿化体系[J]. 重庆大学学报(自然科学版), 2002(8): 77-78, 81.
[22] 黄晓鸾. 居住区环境设计[M]. 北京: 中国建筑工业出版社, 1994.
[23] 杨士弘. 城市生态环境学[M]. 北京: 科学出版社, 1999.
[24] 何绿萍, 刘耘, 冯采芹. 城市绿地的防尘效应[J]. 环境科学, 1980(4): 67-71.
[25] 江俊浩, 邱建. 国外城市公园建设及其启示[J]. 四川建筑科学研究, 2009(2): 266-269.
[26] 李静, 张浪, 李敬. 城市生态廊道及其分类[J]. 中国城市林业, 2006(5): 46-47.
[27] 马志宇, 黄耀志. 城市生态廊道建设探讨[J]. 山西建筑, 2007, 33(13): 6-7.
[28] 付劲英, 卢驰. 城市绿色景观廊道的生态化建设[J]. 科技资讯, 2008(25): 74-75.
[29] 托亚, 闫晓云, 谢鹏. 西方城市公园的发展历程及设计风格演变的研究[J]. 内蒙古农业大学学报(自然科学版), 2009(2): 304-308.
[30] 温全平. 城市森林规划理论与方法 [D]. 上海: 同济大学建筑与城市规划学院 同济大学城市规划与设计(风景园林规划设计), 2008.
[31] 施农. 国外城市森林的兴起[J]. 世界农业, 1992(9): 45-46.

[32] 刘滨谊, 温全平, 刘颂. 城市森林规划的现状与发展[J]. 中国城市林业, 2008(1): 16-21.
[33] 刘多立. 从海德公园看伦敦城市公园的特点[J]. 山西建筑, 2008(27): 344-345.
[34] 杨紫英. 北京市环城游憩带成熟度评价模式研究[D]. 石家庄: 河北师范大学, 2008.
[35] 北京市园林绿化局. 北京城市绿化隔离地区郊野公园建设情况[EB/OL]. (2008-06-30)[2007-12-5]. http://www.ssh.wangjing.cn/item.php?articleid=28908.
[36] 人民网-京华时报. 元大都遗址公园经典建设可抗八度地震[EB/OL]. (2005-05-02)[2003-09-18]. http: //news. sohu. com/97/61/news213336197. shtml.
[37] 盖尔, 吉姆松. 新城市空间[M]. 北京: 中国建筑工业出版社, 2003.

第7章 人工建造环境

7.1 概　　述

人工建造环境是反映人类聚居生活环境相关各种要求的概念总和，包括城市规划、建设中需要考虑的与人有关的各种问题。本书所探讨的人工建造区大多存在于城市之中，而城市又是什么？它的定义又是什么？

正如“城市是生产发展和人类的第二次大分工的产物”[1]。同时“城市如同语言，是人类最伟大的艺术品”[2]。从中文释义来看，所谓“城”，利用土垒筑的墙圈来完成营造的场所，所围合成为一座具有防御性的空间；而所谓“市”则是一种进行买卖交易的场所，也因此称为“市场”。有“城”无“市”，有“市”无“城”都不能构成所谓意义上的“城市”，因此，城市是一个复杂的系统体系。随着社会的发展，城市所具有的功能也在与日俱增，城市随着这些新的功能和新的场所的产生也逐步发生着变化。

那么问题又来了？人工建造区是怎样的一种区域？又是怎样的一种环境呢？

一般来说，人工建造区属于由人类利用不同技术和设备所建造完成的区域，包含建筑物、道路等。而人工建造区的环境属于人工环境的范畴。“人工环境”是指人类为了满足自身生活需求通过自己的力量去重新利用大自然的本体，创造新的生活环境、工作环境等，形成新的环境体系，这种体系是人为设置的并有较为清晰边界围合的空间范围。这种空间可以是居住空间、生产空间、娱乐生活空间或是交通运输空间等。人工环境不是一个单独具体的环境，它涉及人类生存发展与环境的关系，而这关系中不仅仅是身处的空间，还包括人体的心理、生理和社会、生产、能源及机械等。

城市是人类的家园，是人类的居所。人类身处的城市环境包括自然环境和人工环境，自然环境是城市环境的基础，而人工环境则是城市环境的主体。城市人工环境在一定的地理系统背景下进行着居住、工作、文化、教育、卫生、娱乐等以人类作为主导的活动，源于人类需求的多样性，促使城市人工环境也同样朝着多样性的方向发展，它集自然、文明、场所、环境于一身，是虚与实、明与暗、动与静的结合。

城市人工环境不仅仅直接影响了人类本身的生物活动条件，无论是对于人类生活的区域微气候方面还是对于采光、通风、声环境、热环境等；同时间接地影响着人类心理活动。好的城市人工环境不仅会增加人类生活的便利性、舒适性，也直接作用于人类的心理健康程度，是人类生活的载体，也与人们的健康生活息息相关。

对于 21 世纪的今天，城市化的发展已经如火如荼、如日中天，人类已经开始尝到对自然破坏所应该受到的惩罚，生态大规模破坏、资源短缺现象、城市热岛效应、雾霾、酸雨、全球变暖等，而这些城市危害现象也并不是单一的原因所能导致的，其中包含的是各个方面，如汽车尾气的排放、空调能源的消耗、废气的排放污染、整个城市不透水的下垫面等，而在这种种因素之下，人类对于明显的污染提升了关注度，而城市的隐形杀手“不透水下垫面”又是常常被人类所忽视的。

城市“不透水下垫面”是城市在发展演变中的主要发生地和承担者，城市的热环境状况与下垫面组成情况有着紧密的关系。所以分清城市下垫面类型的组成，以及它们在城市热环境中的作用，将会为城市环境问题的理解和解决提供帮助。而不透水下垫面指的是地表上无法吸收水分、水也无法渗透的下垫面类型。不透水面是一个广泛的定义，它没有明确被规定为某种具体的解释，从材料上看，主要分为沥青、水泥等所构筑的土地覆盖的类型，使得水分无法渗透至地下从而影响了整个自然界水汽循环的生态规律；而从技术层面的遥感角度来看，则是指诸如屋顶、道路等土地透水率较低的区域。不透水面的占比会直接影响地表水的排泄率，以及其对环境的影响，城市中不透水面的数量被认为是表征流域、水质及整个生态系统是否健康最为重要的环境指标之一[3]。随着城市的发展，不透水面在城市中的覆盖面积不断增加，其密度也极大地增强，而城市中的各种生态资源用地，如绿地、森林和水体等，面积逐渐减少，由此引发了城市整体环境质量的改变，产生城市热环境的变化等现象，从而促使城市生态系统恶化。

以武汉市为例，通过叠加各种信息图，借助地表分类图统计分析得出各种城市下垫面与热岛强度的关系。叠加的信息图包括地表温度（LST）图、植被覆盖 NDVI 图、建筑强度图等。研究区域分为大（整个主城区）、小（城市二环以内的中心城区）两个范围。由此可以得到表 7.1 和表 7.2 的分析结果。

表 7.1　武汉市主城区下垫面指标表

地表下垫面类型	面积/m²	占比/%	LST 平均值	NDVI 平均值	NDBI 平均值
高密度城区	24 326 887.50	3.238	45.430 794	−0.253 232	0.272 563
较高密度城区	61 799 229.00	8.225	43.521 017	−0.247 469	0.235 672

续表

地表下垫面类型	面积/m²	占比/%	LST 平均值	NDVI 平均值	NDBI 平均值
中密度城区	106 861 234.50	14.222	39.955 588	−0.194 577	0.187 942
低密度城区	51 787 435.50	6.892	37.800 995	−0.093 743	0.143 900
植被	94 657 990.50	12.598	32.856 176	0.197 542	−0.020 667
江水表面	48 274 454.25	6.425	25.926 209	−0.537 256	−0.121 711
湖水表面	44 042 631.75	5.862	28.526 494	−0.416 726	−0.095 614
其他表面	86 394 971.25	11.498	32.344 091	−0.171 347	−0.005 489

表 7.2 武汉市二环内中心城区下垫面指标表

地表下垫面类型	面积/m²	占比/%	LST 平均值	NDVI 平均值	NDBI 平均值
高密度城区	31 257 004.5	2.461	45.180 924	−0.250 509	0.263 994
较高密度城区	77 053 284	6.067	43.405 907	−0.245 984	0.229 854
中密度城区	164 602 462.5	12.961	39.613 286	−0.186 561	0.179 671
低密度城区	109 859 249.3	8.651	37.619 073	−0.095 846	0.151 695
植被	389 091 305.3	30.638	32.560 922	0.206 660	−0.023 167
江水表面	105 008 492.3	8.269	26.149 353	−0.532 438	−0.139 054
湖水表面	107 268 171.8	8.447	28.834 980	−0.415 050	−0.110 941
其他表面	285 804 783	22.505	32.342 960	−0.163 481	−0.025 443

从表 7.1 可以看出武汉市主城区的不透水下垫面的所占比率还是非常大的，城市不透水面以各级建筑用地、道路为主，是城市各类活动的聚散地，其特点为：①各种形式的人为放热较多，包括机动车辆、空调、工厂等；②对于像武汉市这样的大城市来说，中心城区的人口密度和建筑密度都很大，建筑规划无序，遮挡城市通风排热渠道的情况比较普遍；③人工建筑的下垫面，如混凝土地面、沥青等覆盖面积太大，缺乏植被等调节型的下垫面，这些人工建筑下垫面属于气候敏感度较差的材质，在高温天气下，其自身的温度也很高，并带有强烈的辐射热。因此，建筑用地为主的不透水下垫面整体的地表温度较高，是城市热岛效应最为强烈的地方。城市由于参差不齐的建筑物，使城市的墙壁与墙壁、地面之间进行多次反复吸收，这些都为城市热岛的形成奠定了能量基础[3]。另外，城市不透水面无法长期保留水分，因此如果不透水面完全覆盖城市的话，城市依靠蒸散等水分吸收热量的方式调节城市热环境的能力将会急剧下降，进而使热岛效应更加明显，热量集聚效应也更无法遏制。

因此，对于城市不透水面，应该从两方面来考虑对其的应用。一方面，城市不透水面是城市生活的主要载体，如交通、居住等，为城市的快速发展和城市居民的生产生活提供了必不可少的能动区域。另一方面，城市的不透水面对城市的人居环境和整体生态系统有着重要的影响，所以在城市规划中要防止不透水面过多地侵占城市的其他用地。

随着人类对于环境的逐步重视，我国也进一步提出了可持续发展的生态保护路线。因此城市规划与可持续发展对于整个城市的未来是一对相辅相成的重要因素。

通常将城市规划定义为研究城市的未来发展和整个城市的合理布局，以及综合地安排城市中各项工程建设的部署任务，是在相对的时间内一个城市发展的蓝图景象，是城市管理中不可分割的且占比相当大的一部分，也是建设和管理一个城市的依据，更是城市规划、建设、运行三个阶段管理的重要前提。可持续发展是一种在不影响且利于后代生活发展的条件下，进行当下的各种发展，从而满足现代人的需求。任何资源都不是取之不尽用之不竭的，人们不能只顾当下的发展而忽视了后代人的切身利益，这才是最科学也是最持久的发展模式。可持续发展理念最初是在 1972 年斯德哥尔摩举行的联合国人类环境研讨会上正式讨论的。城市可持续发展作为两者的结合体也有着非常特殊的意义。城市，一直都是肩负着人类日常生活的主要场所，正如罗勇在《城市可持续发展》一书中所说：“它积聚一定地域范围内的物质、资金和技术等，从而逐步演变成为经济活动的中心，并得到了空前的繁荣和发展”[4]，但到了某一程度就会产生其反向作用。就这段话来分析城市的发展必然带来人口的增长，而随着人口的增长城市原有的结构已不能满足人口需求，因此城市就需要不断地扩张，这一系列连锁反应就如同蝴蝶效应一般不仅给地球带来巨大的压力，同时也对城市的生态环境、社会经济等带来严重的影响。只有处理好城市的可持续发展才会有国家的可持续发展，地球才能更健康地运转下去。人们在对城市的可持续发展做出努力时，同时也要处理好公共交通与私人汽车之间、人造环境和更多自然环境之间等其他潜在矛盾[5]。

城市的可持续发展与建设对于 21 世纪的今天，以及生活在城市中的人们来说是至关重要的，它决定了人们的健康、福祉及未来。实现城市的可持续发展需要人类共同的努力。

7.2　工 作 环 境

工作环境又称为办公环境。自 1992 年中国共产党第十四次全国代表大会上提出并建立了“社会主义市场经济体制”后，不仅进一步转换了国有企业经营机制，政企分开，也激发了非公有制经济包括国有经济、集体经济、个体经济、私营经济、混合所有制（中外合资企业）经济的国有成分和集体成分的产生，也由此形成了如今中国的办公建筑环境模式。

办公建筑环境主要为行政办公区、商务办公区及工厂厂房办公区所对应的办公范围周边环境。行政办公区多以政府部门、事业单位、外事宗教单位等为主，随着工业化和城市化的进行，行政单位逐渐从单一的办公场所向多元化的集办公、生活、休闲为一体的综合场所演变，此类办公场所多为国家投资建设，办公用地范围内建筑密度相对较低，并非常重视环境绿化的配置，在建造材料的选择上也相对优质，加之后期管理维护效率高，整体办公用地范围内人工环境还是相当优良的，但也由于对室内行政办公舒适度的过度追求和对部分特殊行政区域安全性的考虑等综合因素，建筑内部均以空调等辅助性机械设备作为制冷、取暖、通风等的主要手段途径，因此对热工能源的消耗量极大，也造成大量污染物的排放，对周边整体环境的污染量也是相对较大的。

商务办公区相比行政办公区的人工环境有所减弱。商务办公区多以高层或超高层建筑为主，多在大型综合体或 CBD 区域内，大多数均由开发商统一建造之后再按楼层进行租售给个体或企业集团进行办公，其中包括金融保险、艺术传媒、技术服务等综合性办公用地。此类办公区域与行政办公区域有所不同，这一类区域大多数属于营利性办公产业。由于大多数办公写字楼楼层较高，并不能采取自然通风采光等策略，室内与室外的温度、湿度、空气质量、日照采光等相差巨大，建筑内部通常采用设备通风、采光照明、取暖和制冷等，建筑单体所产生的能源消耗量巨大，加上对于造型及技术的追求，此类办公写字楼多采取玻璃幕墙或石材干挂等外立面形式，导致墙体反射太阳辐射相当强烈，产生城市道路眩光等问题。且因开发商对利润的最大化追求，周边的绿化种植率低，建筑本身及周边道路也多采取硬质不透水材料，使之不具备蒸发降温的条件，加上太阳辐射的照射，使周边人工环境不论是温度、湿度还是风速等都受到极大的影响，最后导致整个城市环境污染严重。

工厂厂房办公区是污染最严重的区域。刘群曾在《中国国情国力》期刊发表的“我国工业园区发展现状及建议”中写道[6]：“工业体系是指一定规模的工业园区，而工业园区是指国家或是区域政府，通过多种手段，在一定的空间范围内进行科学整合，使之成为产业群集”。自改革开放以来，我国的工业园区（通常称为经济开发区）也在不断地发展，无论是从种类上、级别上还是格局上都有着质的飞跃。而工业园区伴随着加工制作等流程所带来的污染是相当严重的。工业污染主要是指在工业生产的过程中产生的一切不利于人类及其自然环境的废物，包含废水、废气、废渣（统称为“三废”）及各种噪声。也可归纳为废水污染、废气污染、废渣污染及噪声污染。而这些污染对于城市来说都是致命的，不管是对城市人工环境还是自然环境，对人类本身的健康也是有着极大的危害。例如，工业生产中大量未经处理而排出的废水、废气、废渣等有害物质直接排入江河湖海、自然空气中，直接破坏生态平衡和自然资源，如雾霾、酸雨等自然灾害的发生，而且有毒物质的滞留又直接导致土地受到腐蚀，残留的毒物也直接危害人类健康，因此工业污染的后果是相当严重的。

但随着人类对环境破坏这一现象逐步重视，人类已经意识到环境污染所带来的危害，因此出现了无污染生态工业园的建设模式，这一类模式真正意义上做到了无污染环境，虽然目前在国内还没有成为主流的大趋势，但国人环境保护的整体意识已经上升，发展空间还是非常大的。

当然，不论是行政办公区还是商务办公区或者是工厂厂房办公区，它们都有一个共同特点便是时效性。办公时间都聚焦在白天，夜间的办公区域大多处于休息状态，也因此在夜间办公区域所产生的能耗损失和污染排放都有所降低，但尽管如此，白天所产生的能源消耗仍然不可小觑，而且在中国一般上班时间都在早上 8 点半到 9 点，因此这段时间内会相对集中地同时产生能耗，如电灯、空调系统、通风系统等，在夏冬两季（7～8 月及 12 月～次年 1 月）因制冷和取暖的需求，数值更是达到巅峰，此刻的用电需求对环境的损害是相当大的。

难道真的就没有解决的方法了吗？随着人类对于环境越来越重视，建筑师也有了很多对于办公环境的建造及改造的优秀案例。对于办公环境的可持续设计主要可以针对周边自然环境的加入及改造，或者对于建筑自身的节能设计及改造。

案例：广州天河 CBD

CBD 作为城市的金融发展的重要领地对于整个城市的经济运行起到了核心的作用，但 CBD 的迅速发展也对整个城市的人工环境及生态承载力产生非常大的危害，从整体世界级的 CBD 情况来看，核心区的总体建筑面积很高，如纽约曼哈顿 CBD、伦敦金丝雀码头 CBD、巴黎拉德芳斯 CBD 及东京新宿 CBD。而国内的 CBD 均呈现建筑面积快速上涨的趋势。在 CBD 区域内，高层建筑密集，大量下垫面由不透水的硬质铺地和屋顶组成，办公用地通常占总规划面积的一半以上甚至更高，而其中绿化面积却少之又少，尽管很多时候通风良好，但是无遮挡的太阳辐射和玻璃幕墙反射依然让使用者觉得热舒适性很差。CBD 范围内的建筑通常为高层写字楼，而且在 CBD 中往往存在城市的标志性超高层建筑物，容纳有会议、商务、酒店、商场等多重功能，这些建筑仅仅从材料、施工和运营所消耗的能源来说就非常巨大，其建筑能耗水平已远远超出了其他城市区域的建筑。

广州天河 CBD，作为后起之秀，为新型可持续化生态 CBD 做出了典范，不仅加大了绿化范围，以及对于步行系统的提倡，而且在建筑单体上也充分考虑节能设计因素。天河 CBD 被报道称为“五年蓄势，浴火凤凰”，根据数据显示，用地规模为 6.19 万 km^2，主要分东、西两个区域，东区以居住为主，西区以商务办公为主，而两区之间以珠江滨水绿化带贯通，天河 CBD 相比普通的 CBD，在设计中补充完善了公共服务设施，并大力增加绿地的范围，而且适当调整了城市的整体空间形态。主要商务区临江而建，丰富的自然水景及配套的景观公园广场的植被成为整个 CBD 的绿肺，为 CBD 土地资源的高强度开发和交通、信息交流的高度充分等，人工环境高能耗高污染导致的城市微气候问题起到了很好的调节作用，很好地与生态规划思想高度统一，而这种通过自然环境的植入手法在一定程度上解决了 CBD 所面临的生态问题。另外，一个对于 CBD 整体人工环境影响的重要手法在于对建筑的节能设计上。众所周知，产生 CBD 环境微气候问题的主要原因在建筑及交通所排放的污染源上，而天河 CBD 在建筑单体上（如东西双塔）加入景观退台，并且利用双层幕墙系统起到良好的室内降温、保温的作用，并在玻璃材料的选择上采用双银 LOW-E 玻璃，这些节能手法很大程度上减少了建筑的不必要能源消耗，也很好地减少了建筑自身对于城市环境的污染。

7.3 生活环境

人类生活的环境主要是指与人类生活息息相关的一切周边环境，它是由自然环境和社会环境所共同组成的。而在此节中的生活环境主要是对人类自己所建造的日常的生活居住区域的谈论及解读，主要分为老社区、高密度区及别墅生活区。

7.3.1 老社区

虽然因城市化发展，大量的老社区被拆迁重新规划建设，但老社区现有的数量对于整个中国特别是二三线城市来说仍然很庞大。

城市中现存的老社区主要分为两种，一种是 20 世纪 80～90 年代因改革开放的发展和社会经济结构的变化而产生的居住区，是随着建设规模的迅速扩大而大力发展城市化时所建造而成的，很多人将其称为“城中村”。由于当时工业化水平较低，居住建筑普遍以多层砖混结构建筑及砖墙承重建筑为主，整体规划多采取高密度的建设模式，建筑与建筑之间布局紧凑，多为联排建造，小区内很少或基本无种植绿化，随着时间的推移，如今这一类居住小区的居民明显呈现老龄化状态，加之小区管理人员不足及效率低下，垃圾回收系统的管理并不及时，老社区内的通风条件差，细菌的残留及气味的串联等导致居住人工环境并不十分理想。例如，武汉市汉阳区归元寺周边老社区（图 7.1）便是 20 世纪所建造的居住社区，整体小区环境出现了不同程度的破损，普遍存在四大问题：第一，雨污不分流，特别是降雨量大的情况下很容易造成社区内雨水滞留的现象，导致水流全部排入附近的河流及下水管道中，造成河水黑臭，社区内异味流串；第二，社区内道路狭窄，现代社会家用小轿车普及，社区内道路不能满足停车及会车要求，经常出现车辆乱停挡住交通要道等情况，居民出行实为不便，而且车辆直接挡住了巷道内的空气流通，阻碍了社区内的通风功能，空气得不到循环，加上室内气体的排放使得空气质量很差，很容易滋生细菌影响人体健康；第三，社区内管线杂乱，天线甚至紧贴社区内居民楼，对居民的生活及安全都产生了很大的隐患；第四，绿化破坏严重，小区内绿化的覆盖率极少，存在的绿化也因为年久未经过打理而枯萎并且分散零乱，完全不能满足社区内应该达到的绿化率，对整个社区的微气候产生不良的影响，加之老旧围墙林立，建筑外立面表皮脱落使得整体社区呈现脏乱老旧的景象。

图 7.1　武汉市汉阳区归元寺周边老社区内部建筑及环境

另一种则属于更早年代所建造的老城街道式围合组团社区，如北京的老胡同居住区、上海的弄堂居住区、武汉的巷道居住区、厦门的巷弄居住区等。这一类社区的建筑物多以低层为主，最多不会超过三层，内部伴有比较小的街道，可以通向各个居民的居住场所，有的小街道与城市主干道衔接，有的则是封闭式的小街道，俗称“死胡同”或“死巷”。此类居住区有的已成为历史保护区被保留下来，但由于时代久远，在设施上不如现代居住区方便。例如，一般的室内并无卫生间系统，在整体布局上会有公共厕所分散分布于不同地点，以供周边居民使用，这会带来卫生方面的问题；此类建筑多为联合式，在防火规范上并不能满足现代的要求，如果失火会引起一个整体片区的灾难。

7.3.2　高密度区

步入21世纪之后，中国改革开放继续向前推进发展，经济增长和城市化的速度超出了人们的想象，大量农村人口开始向城市迁移，居住建筑的质量也日益提高，无论是在结构技术上看，如产生了框架结构、装配式大板、滑模、混凝土等；还是在整体小区的建筑外环境上看，如种植绿化的增加、建筑采光系数的控制及自然通风的重视等。而随着城市化进程的迅速发展，城市的开发也带来了许多问题，其中最突出的是土地供应的短缺。土地不够，但人口涌入城市的数字却仍在攀升，于是高密度的城市也油然产生。但高密度却并不是代指高拥挤，吴恩融在《高密度城市设计》一书中描述道："在较大住宅规模和较少家庭规模的情况下，较高的容积率可能导致较低的使用密度，所以每一个人有更多的生活面积，因此而减少了产生拥挤的条件[7]"。可以看出密度的增加实际上只是作为减少过分拥挤的一种手段，也正因为如此，各个国家和地区都以增加城市密度来作为一种重要的规划政策。因为只有如此才能缓解城市中人口的急速膨胀所导致的土地缺乏。

对于城市高密度的开发，人们所呈现出来的态度也是不同的，有些人认为高密度发展模式有利于城市经济及科技的发展，使人和场所能够更接近；也有人认为这种紧凑型的城市开发模式促使建筑单体越来越高，绿地全被开发作为人们居住办公娱乐的场地，整体交通也越来越拥堵，人们的生活幸福感大大降低等。而布伦达·韦尔和罗伯特·韦尔却是这样评论高密度的[7]："'没有免费的午餐'，即人类在涉及建成环境问题上所做出的所有决定都会产生生态后果"。因此可以看出不管是多么有效的解决城市人口聚集的方法，都在某种程度上违背了自然规律法则，而既然有违背就会有代价，随之而来的则是大面积的生态遭到破坏；污染物与垃圾导致环境问题严峻；无限量的开采又导致了自然资源枯竭等，而直接被影响的则是人类自身，所影响的不仅仅是人类生活的人工环境，还有人类本身的生理及心理的健康等。

国内高密度的新居住小区有商品房小区、还建楼小区及配套类社区等类型。与还建楼小区及配套类社区相比，商品房小区的居住区内配套设施齐全，植物绿化更为丰富，布局完整统一，而还建楼小区及配套类社区内因为追求价格的低廉导致绿化率低下，建筑密度更大，遮阳通风等都相对较差，房屋施工质量及材料质量也相对较低，但无论是哪一种居住小区都呈现出相同的人工环境问题。基本上所有的居住小区都是经过规划然后再由不同的开发单位进行兴建，除去低层居住建筑或别墅居住建筑以外，其他的居住小区都属于高密度区，但低层小区或别墅又存在对土地的利用率不足、浪费土地的现象，而中高层居住小区也同样存在一定的问题，如住宅单体体量大，单体建筑在采光日照上多以平均最低标准为主，并不是每一户都能享受充裕的采光条件，而且在通风及热工环境下，每户还是多以辅助性设备为主，自然通风等并不能满足人体最舒适的状态，而大量的设备运转产生的废气都直接排向室外建筑与建筑之间的区域，以致城市人工环境的空气污染。住宅区内虽然都配置有相应的植物绿化及水景等小品景观，但后期维护率低，并不是每一个居住小区都可以一直保持着新建时的状态，特别是还建楼小区和配套类社区。在这个高速发展的时代，任何事物都在快速工作运转着，人们保持着高效率、高节奏的生产及生活方式，居住区的建设也是同样如此，由于建设周期的时间控制及整体成本考虑的种种原因，在建造过程中对于材料的选择也并不一定都是最好最适宜的，加上施工过程中大量能源的消耗及各种污染物的排放，对于整体城市人工环境的破坏很大。

7.3.3　别墅生活区

别墅作为环境友好的居所场地，独立成栋，周边绿化充足，也被称为“改善型住宅”和“独立园林式居所”。别墅一般建造在郊区或者城市内风景良好的园区内，类似于古文中所提到的“世外桃源”，它所体现的不仅仅是住宅所提供的“居住”这一基本功能，更是一种与自然亲近的生活体验。别墅在我国的存在历史相当悠久，古时候统称为“别业”，如唐代陆羽的自宅“青塘别业”；明代苏州的“拙政园”等。但是别墅这种居住形式，建筑密度低，需要较大的用地面积而容纳的居民较少，比较适合于美国等地广人稀的国家，在我国还是以高档住宅的形式出现，并不适于大范围建设。

别墅在建筑形式上也有很多种类，独栋别墅、联排别墅、双拼别墅、叠加式别墅、空中别墅都是别墅的范畴。而别墅在风格上也有着千姿百态，有中国传统的园林式风格、日式风格、欧洲风格、美式风格、古典风格等。一般整体别墅生活区内设施齐全，环境良好，在国内别墅一般都是经由开发商规划建设再售卖给个人。随着 21 世纪后国内房产热的走势，有房成为每个人所追求的目标，房屋价格一天一天的上涨，别墅的价格更是比普通房价要高，因此别墅在现代社会中又被称为资金雄厚人群的居住场所，也被称为“豪宅”，也正是因为如此品质性的追求是相当高的，整体别墅小区内采光充裕、通风良好、空气质量优等，大量的绿化建设而且植物种类丰富并伴有相应的水景设计，在后期的物业管理维护上也非常有序，对于施工材料的选择也很好，每栋别墅一般不会超过三层，在别墅内部也会有私人的庭院绿化种植和配套的车库，整体人工环境非常好。虽然如此，但是别墅生活区对土地的浪费率相当高，不能达到我国《绿色建筑评价标准》（GB/T50378—2014）中的节地标准。正如前面所述的高密度发展趋势，城市土地与人口比例极不平衡，呈现出相当大的悬殊，对于城市土地利用率极其缺乏的现状，别墅作为低容积率、低密度的建造形式实在不利于中国目前城市的发展，因而根据用地供应日趋紧张的趋势和集约用地的原则，在将来建设三层以下的单元式住宅的可能性减小。

从现有已建的别墅群落来看，如武汉市汉南区碧桂园别墅区（图 7.2），无论是一期、二期还是三期，别墅区域内的绿化率都高达 30%以上，三期“峰景”的绿化率是最高的，还配套花园步道、街心花园、中央主题广场等，别墅院内的花园景观也是丰富多彩。可谓是四面花园环绕。别墅区内南北通透，采光及景观视线很好，人工环境微气候非常宜人，但正如上述所提到的，对于城市的土地资源却极为浪费，土地的利用率非常低，尽管有着良好的人工环境但并不利于当下土地日趋稀缺的城市发展。

图 7.2 武汉市汉南区碧桂园别墅群街道建筑环境情景

也许有人会说国外普遍以别墅居住为主，国内为何不可，特别是在日本，同样存在土地利用的问题，而为何他们依然选择低层别墅居住建设模式。从人口比例上来说，国外的人口远远比不上中国的人口总数，而从地理位置上来说，国外的别墅区普遍在市区外，如美国，纽约市中心的建筑密度同样非常之大；而单独来看日本，它处于一个很特殊的地理位置，位于亚欧大陆的东端，是一个四面临海的岛国，由于位于环太平洋火山带，险峻山地极多，地震等自然灾害发生频繁，正如大家所知道的，在地震灾害中对人类伤害最致命的就是建筑物的坍塌，也正因如此他们选择低层别墅建筑居住模式，减小自然灾害对于人类的伤害。因此不同的国家、不同的地理位置、不同的气候条件及不同的物质生产水平都会对人类居住生活的建筑产生影响。

居住环境空间是人类生活中最重要也是必不可少的场所空间之一，对于以上的分析，每种人居环境都存在自身的一些问题，有大有小，但从设计师的角度如何去改善及解决这些问题也变得尤为重要，很多建筑师投入到人居环境的整治和复兴，也产生了大量优秀的案例。

案例一：武汉市江岸区三德里社区整治改造

旧城的改造在过去相当大的范围内主要是以推倒重建、大规模拆迁的方式为主，但这种方式对于整个城市环境及历史文化来说是致命性的损害。传统的旧城建筑在科学技术并不发达的条件下大多依随着环境气候等因素来建造，虽然现在看来设备等落后，但这种“从环境中来到环境中去”的设计手法是当代设计师应该借鉴学习的，这是前人的智慧，但旧城所存在的问题在上述内容中也有所表明，此案例中针对武汉市江岸区三德里社区的改造很好地解决了社区空间的老化环境和服务性，整体以不破坏原有社区的主要形态及空间组织，保留原有的空间次序、管理制度及居民们的交往习惯来进行动态的小规模改造，如小规模的住房改建维护、翻新加建，以及社区巷道的环境整治和改善，并且对传统居住区的就业、生活和工作环境也进行了相应的改善。

三德里社区（图 7.3）是武汉市最早的一批里弄建筑之一，它的位置在汉口车站路，旁边则是中山大道，过去是法国的租界，那时的住宅业可谓风靡一时。1919 年三德里社区由上海浙江财团刘贻德等 3 人的房地产商投资并且成批地建造低层联排式里弄建筑，再分户出租给不同的人群，起初三德里社区是效仿上海的里弄式住宅而建造的，整个社区以二层砖木结构的石库门式住宅为主，分为南里、北里，曾经中国共产党著名的妇女运动领袖向警予曾居住于此地，后在此被捕。中华人民共和国成立后，交由政府部门代管，安排部分区、街属单位人员居住，并设立了社区管理部门在此进行办公。里内均二层砖木结构式楼房，多以三间两厢或两厢一间的平面布局，无分户厨房和卫生间，建筑排列整齐，样式统一，巷道纵横整齐排布并设有绿化，但维护率很低。社区内的居民成员大多建立在家庭内部联系或近距离邻里联系，不同巷道人群接触并不频繁，社交性相对较低。社区内有餐饮及生活日用品等服务商业店面，以及社区居委会办公场地，卫生条件相对较差。设计师通过对整体现状的考虑进行了整个小区的翻新整治工作。

图 7.3 三德里老社区整治前鸟瞰图

图片来源：汉网社区网站

改造后的三德里社区（图 7.4）将沿街外立面进行最大层面的修复，保留了民国时期的租界建筑特色，内部巷道建筑立面进行全面粉刷，在不破坏原始建筑结构的条件下尽最大可能保留原始巷道特点，原始旧社区自身有很多优点，如整体呈现围合布局，外部布置商业毗邻街道，内部用于居住格外宁静，整个社区闹中有静。巷内空间灵活，由于巷道在整个社区中整齐地纵横排布，形成了良好的通风道，配上坡屋顶形式，对于社区内的微气候进行了良好的调节，形成了冬暖夏凉除湿的微气候特点。但由于年久失修加之管理不当，后期通风条件没有达到理想的状态，设计师特意保留了巷道的这一独特性，并利用中心花坛为主要景观节点对巷道进行绿化花池种植等景观整治，将巷道内不必要的设施清除以达到巷道最大通风条件。巷道社区内在固定的场地安排垃圾回收站点，进行垃圾统一清理回收，解决原有垃圾四处乱扔导致社区内空气混浊的现象。设计师还保留了社区办公的功能，促进了小区内的制度化管理，提升了社区办公的条件，也保留了社区内的餐饮及生活服务功能，促进了社区内的经济良性互动，并对各个居民门户前和餐饮店门前及中心区的公共卫生间修缮了排水等沟渠系统，有利于污水的处理，解决了污水等污染物所导致的整体社区环境的质量下降。最后，设计师还在社区内增加了运动设施及公共座椅，有力地促进了社区内居民之间的交流互动。整个三德里社区的整治工程很好地解决了老社区所存在的问题，虽然不能称之为完美，但对老社区的人居环境及外立面欣赏性方面都做出了很大的改善。

图7.4 三德里老社区整治后巷道内景图

图片来源：搜狐新闻 http://www.sohu.com/a/148928479_345268

案例二：嘉兴市烟雨社区改造

烟雨社区位于嘉兴市南湖区，是20世纪90年代所建造的老居住小区。由于社区老龄化严重，各种问题层出不穷，也为了响应国家政策推进海绵城市的建设，因此在烟雨社区进行老社区海绵城市改造工程。

烟雨社区海绵城市改造工程是当时南湖区改造单体小区中面积最大的改造项目工程。社区在改造之前，雨水和污水相互混接、排水系统不完善、停车紊乱、设备老化、景观范围低下。通过雨污分流、加强排水系统、增加停车位、改善基础设施、大面积植入景观等整治手法后，整个社区环境大为改变，与同龄的社区呈现截然不同的景象。其中停车位并没有仅仅按照划分土地来提供，而是将停车位设计成“海绵类型”，每当下雨的时候停车位便会完成吸、蓄、渗、净的任务流程，在必要的时候将所储蓄的水再“释放”出来并加以利用；在出现暴雨天气的时候，也可以将多余的雨水及时地排入周边排水系统及河道中，形成了一套完整的存储、渗透、净化的系统。在新增的雨水管道中，将屋顶雨水全部收集进入附近的雨水花园，将整体水源设计为雨污分流，这种做法不仅在水质方面有所改善，而且提高了整体的水资源利用率。在铺装材料上采用透水材质，道路两旁采用砾石层与植被缓坡结合的“植草沟”，可收集、输送雨水，也可以过滤净化掉雨水中的污染物。设计者还通过结合该地的环境特点将窨井盖设计得高出普通的井盖600 mm，当雨水不能完全渗到植被中时便通过此设计排出并净化多余雨水[8]。在整体的社区绿植的品种选择上也是极为丰富，结合原有河岸线使得整个社区的环境十分宜人。

7.4 公共服务及娱乐休闲

进入 21 世纪以后，在改革开放的推进下，中国经济迅速增长，人民的人均物质消费能力也随之加强。在城市生活中，除去日常的起居住所及工作场所外，公共服务及娱乐休闲也成为人们生活中不可缺少的重要组成部分。

公共服务及娱乐休闲区域在城市中所占的范围非常大，主要有公共设施教育与服务医疗区域、商业区域、旅游区域及现在盛行的综合体区域，每一部分在城市中都起着不同的功能作用，但也存在不同的问题。

例如，公共设施教育与服务医疗区域，它是一个相对较大的体系，涵盖了多种区域范围，但这些区域范围又存在一定的相似性。它包括教学、医疗、大小型博物馆、美术馆、体育馆、体育场、殡葬馆等公共设施及服务类区域。其中教学区域和医疗区域是相对特殊的区域。教学区域涉及学生们的上下课、体育场所、老师的办公及辅助性用房等，而医疗区域涉及门诊、急救、手术、住院、医生办公及辅助性用房等，但不论是校园还是医院对于区域内室内外人工环境的要求都很高，特别是近几年的生态保护被越来越重视，绿色校园、绿色医疗的趋势也非常明显，毕竟一类涉及下一代的教育问题，一类涉及病弱人群。由于它们属于国家建设，从设计到选材施工建设的质量很高，整体规划布局空间合理，绿化种植及水体景观的配置高，后期管理维护效率高，但同时会产生能源消耗的问题，特别是医院类建筑，对于空调系统的依赖很严重，加上日夜不停息的能耗运转，对周边人工环境有一定影响。至于其他的公共建筑设施，目前我国有 5 亿 m^2 左右的公共建筑，耗电量为 70～300 kW·h/（m^2·a），为住宅的 10～20 倍，是建筑能源消耗的高密度领域[9]。此类建筑区域虽然同样大多数属于国家建设或者采取政府和社会资本合作（PPP）模式建设，但绿化种植及水体配置率较低，加之单体建筑体量巨大，室内外空气温度、湿度等相差大，室内不能完全进行有效的自然通风采光，对于机械设备依赖严重，导致周边人工环境并不十分理想。但与此同时，这类建筑也有相当大的节能潜力，对城市人工环境的影响具有很大的可调控性。

再来看看商业区域，这是一个在城市中非常重要的区域，商业作为城市功能中的重要组成部分也起着很大的作用，在城市中扮演着重要的角色。商业自古以“市”著称，“城”因为有了“市”才被称为“城市”，随着时间的推移，这种进行交易买卖的“市”慢慢有了它新的名字“商业”。刘彩琴等曾在“我国商业街现状分析”论文[10]中介绍：“现今商业街的定义是同类或异类的众多独立零售商店、餐饮店、服务店等各种商业、服务设施集中在一起，按一定结构比例规律排列的商业繁华街道”。随着中国经济力量的发展，我国城市化水平也在逐步增强，而商业作为经济发展的重要支撑力量，更是扮演着城市窗口的重要角色，一个地方的繁荣与发展很大程度上取决于当地的商业经济能力，如北京的王府井商圈、上海的南京路步行街、重庆的解放碑商圈及武汉的江汉路步行街等。也因此，如今的商业结构已不再是古时候简单的买卖交易场所，商业的功能也越来越复杂，种类也越来越丰富，有大型商场的模式，也有街道式步行街的模式等。20 世纪 90 年代后，人们的消费水平逐步提升，加之 21 世纪初后房产热的现象，商业所带来的巨大利润促使各个开发商纷纷投入到商业区的建设中来。于是就有了对成功案例商业模式的照抄照搬，也渐渐形成了大小商业区均呈现相同的面貌，所谓的“千店一面”也由此而来，这种重复的建设和投资的趋同导致了现代人的审美疲劳。不仅如此，中国早些年规划建设的商业在整体规划布局上也呈现混乱的状态，如食品加工类和商品购物类的混杂、洁净区和污染区的交叉、商业串联不连贯等，因此无论是从便利性方面还是从环境卫生的角度都不能满足人类对于商业周边环境所要求的舒适体验度。而且对于商业来说，它是一种非常依赖于设备的场所，加之运行时间长，无论白天还是夜晚设备一直处于开启状态。从用电的角度来看，就算是白天日照充足的情况下，也需要灯具设备；还有空调设备，夏季不论室外温度多少都会开启制冷模式，冬季也不论室外温度多少而开启制热模式；春秋季就算不会开启制冷制热的空调模式，也会开启通风模式，仅从这一点来说大量的氟利昂被排出室外到大气中，而氟利昂最后在紫外线的照射下会产生对臭氧有破坏作用的氯原子，而环境也因此被破坏，这还仅仅是一个方面，还不包括商业街大量废弃垃圾的排放；商业区热环境因大量采用硬质不透水铺装所导致的表面温度对太阳辐射变化的敏感及绿化水体的缺失导致蒸发散热作用微弱等，综合所有的问题，人类的城市人工环境如何谈得上舒适呢？还有一个方面是常常被人们所忽视的，就是声环境的污染，如“限时抢购”的叫卖声及流行乐曲的嘈杂声等震耳欲聋，不管是对在商业街购物的人群还是周边的居民，都严重影响了其娱乐体验及正常生活。商业作为城市中的“窗口”和“客厅”，虽然是城市经济高速发展的催化剂，但同样也是一个“隐形炸弹”，如何去解决它所带来的城市人工环境的问题，是一个非常严峻的话题。

旅游区域属于一类非常复杂的区域范围，对于历史文化保护这个话题有着非常多的历程，在中华人民共和国刚刚成立之时对历史的保护有所忽略，但近年来，对历史的保护渐渐受到了国人的重视。目前，我国已出台相应政策来对不同地区的历史文化名城和名镇、名村进行评测并做出了不同程度的保护措施。这也随之产生了对这些历史文化名城、名镇及名村的旅游开发，随着国人经济能力的普遍大幅度提高，所谓“衣食足而知荣辱”，若是将物质比作树，那精神则为树上的花，加上现代生活的快节奏模式，使人们对于精神的追求更为强烈，旅游也逐步成为人们工作之余的首选休闲娱乐方式。而现在的游客已经不能仅仅满足于走马观花式的观赏体验，更加注重文化、生活、历史的体验，更加强调参与性和融入性，这正是因为如此，历史文化旅游也大力发展起来，如文物保护展示模式、文化主题公园开发模式、文化旅游房地产模式等。无论是哪一种模式都与商业紧密结合着，大量的购物、餐饮、住宿活动，导致原有环境遭到一定的破坏和污染，虽是历史的场所，但游览的人群却是现代的，因此避免不了热工的消耗及污染等有害气体的排放，加上历史区域并不能满足现代规划及建筑规范要求，常常会引发一定的人为灾害，火灾就是最常见的事故之一，使整体人工环境处于恶劣的状态，对整个城市环境也颇为影响。

目前国内盛行的综合体模式区域，这种模式是由于城市化的大力发展，城市规模不断扩张，人口向城市迁移迅速而产生人口急剧增加，这一系列因素同样刺激着经济和消费，综合体也就自然而然地诞生了。随着社会的急剧发展，单一的结构体系模式已经不能完全满足现代人类的快节奏的生活状态及精神追求，为了将局部人流为患的区域人群分散开来以缓解市中心人流量大、交通量大的问题，这样也起到了共同发展，不会产生区域经济不平衡的状态，因此产生了综合体模式的进一步演变。综合体模式区域一般规模大、功能性强，商圈外部交通优势明显，内部交通组织自成体系。综合体模式区域在建设规模上分为单体建筑和建筑组团，单体建筑是将不同的功能布置于独栋大型建筑单体之中；建筑组团则是将不同功能的建筑单体组合在一起。在我国建筑组团模式更为盛行，它属于一种综合性的产业聚集地，从内部功能组合来看主要分为两种类型，一种为大型的商业综合体，以购物体验为主，伴随相应的餐饮服务、配套住宅、公寓酒店、办公商务、停车场地、交通系统、绿化景观公园等，如香港中环城市综合体；另一种为大型 CBD 产业综合体，以办公商务为主，大量的金融产业入驻，也带有相应的商业、配套住宅、公寓酒店、停车场地、交通系统等，如中国国际贸易中心。综合体模式区域就好比一个微型城市，一个城市的缩影一般，也形成了其内部人工环境的复杂性和不稳定性。例如，住宅区域，它所呈现的人工环境状态和问题与居住体系类似；商业区域的人工环境状态和问题又与商业体系类似；办公商务区域的人工环境状态与问题又与办公体系相近，所以可以看出综合体模式区域也正如它的名字一般，呈现综合的状态，在研究综合体模式区域的人工环境问题时，要根据不同板块区域的不同状态将其看成一个小型城市来进行综合的评估。

对于以上的分析，许多建筑师和规划师也一直在探讨并想办法解决这一类的问题，也产生了很多丰富的，对于环境来说起到很好作用的新建及改建的成功案例。

案例：武汉新天地商业购物中心

武汉新天地商业购物中心（图 7.5 和图 7.6）借鉴了上海新天地的开发模式，对原有历史建筑保护区进行整体的改造修建，做到了对于文化精髓的把握及可持续性环境理念的遵从。武汉新天地商业购物中心的整体密度不大于 50%，建筑高度控制在 20m 以内，建筑外立面保留了原始建筑的砖墙和屋瓦，减少了重新拆除修建对于环境的破坏，在内部道路交通上采取完全步行的交通系统，减少了汽车的污染物排放对环境造成的伤害，并完整地遵循场地坡度，形成内部环路高低错落有致，具有地形风的局部微气候，配上丰富的景观植被，对于夏季炎热和冬季寒冷及梅雨季节潮湿的情况都有了很大的改善。就如今城市环境高密度的趋势来说，无论是整个城市的通风，还是采光日照及能源的消耗等方面都起到了很好的调节作用。

图 7.5　武汉新天地购物中心鸟瞰图

武汉新天地商业购物中心坐落于武汉市汉口中山大道与卢沟桥路的交汇处，地理位置优越，交通便捷。建筑设计师为本杰明・伍德，他依循历史建筑为基础，最大限度地保存原有建筑形态风貌及结构，整体为街道式商业布局，是新与旧的碰撞与融合。不仅如此，设计师完整地保留了原有地块的大量大树，使整个商业街形成横向的绿化长廊，对空气有着非常好的过滤作用。根据武汉市旅游局资料显示[11]，武汉新天地商业购物中心在各个阶段都严格遵照绿色建筑评估及建筑可持续性评估标准 LEED 来执行，已获得 LEED-CS（建筑主体和外观）金级认证。

图 7.6　武汉新天地购物中心内部街景图

7.5　交 通 枢 纽

中国在快速发展的同时，工业也高速发展，使得城市化进程加速前进，城市的道路交通网络越来越复杂，逐渐成为一个城市的走廊和橱窗，是反映一个城市精神面貌的重要标志。[12]

城市交通作为一个城市的核心骨架和现代国民经济中的重要组成部分，对于整个城市乃至国家都起着相当重要的作用。但随着改革开放以后人口不断涌入城市所导致的城市扩张，使得城市中交通系统需求量急剧膨胀，城市交通的矛盾问题也越来越突出与棘手。例如，城市公路交通大量的拥堵与事故，以及鸣笛噪声，严重影响了人们的出行及道路周边人群的生活质量，而且随着机动车的增加，废气的排放量也随之增加，由于车流量的增加路面损坏的频率增高，维修次数也随之增加，大量的沥青、水泥等不透水面一层一层地覆盖，这些对于环境的污染都是非常严重的。交通的污染排放也是污染的重要来源之一，仅城市交通的碳排放量就在城市整体的碳排放量中占据较大的比例。机动车也并不是自己就能完成运行任务的，随之带来的则是对油品消耗量的依赖增大，种种这些对于城市大气环境的污染相当严重，且近年来并无好转的迹象，可以说是每况愈下。在城市中，机动车排放的污染物是导致城市人工环境质量下降的重要因素之一，目前，我国机动车燃油所消耗的石油占世界石油消耗总量的 1/20[13]。而随着时间的增加，这个数据会越来越高，相对的石油的开采也会越来越多；石油的枯竭将对城市的可持续发展产生很大的隐患，同时也会扼制城市的经济发展。紧随机动车发展之后停车场所也在大幅度地增长，形成了如今“停车难、乱停车”的普遍现象。不仅挤占了道路资源，而且由于土地不足，大量绿地被开发为停车场，对整体城市环境影响非常之大。与交通相对应的除了停车场所以外还有加油站、加气站、公交车及的士站。2016 年由于小黄车、摩拜共享单车的大力盛行，自行车又重新进入国人的视野。虽然相比机动车来说无污染物排放，对于城市人工环境更为环保和可持续，但共享单车数量的增长急剧，有些猝不及防，因此其管理及停放出现了一定的问题，乱停乱放等现象严重，这方面还需要采取一些措施来加强管理。

城市交通枢纽体系从大规模来看，还包括高架、轨道交通及站点、客运站、客轮战、火车站、物流运输等。客运客轮站、火车站等这一类大型交通枢纽站台类单体建筑庞大，其内部交通流线复杂，人流量巨大，并伴随商业及住宿等服务性功能，除去交通有害气体排放物的污染以外，还涉及站台、商业及办公等能源的消耗和垃圾的大量制造，以及因此产生的噪声对周边居民及行人的干扰等，各个方面对城市的人工环境都存在很大的不利隐患。物流仓储运输类也同样如此，此类型更特殊之处在于货运运输量更大，频率更高，并存在易燃易爆等货物的储备及运输，对城市人工环境的危害相当大。

例如，单独来看城市内的轨道交通枢纽系统，因为轨道交通一般在地下进行施工建设，地下不同于地上，它处于一种封闭的空间环境之中，而在这种情况下都是依赖机动设备来完成照明及通风等系统的运作，而这一点对于污染的排出极为不利；而且没有太阳光的照射，细菌也更容易滋生存活，在这种情况下伴随着交通场所人流量巨大这一现象，使得空气更为污浊不容易排放从而不利于人体健康。

在张海云等在《环境与职业医学》期刊发表的论文“上海市地铁车站空气污染监测分析”[14]中，通过对上海地铁环境中不同时间段实地测量得出地下车站细菌总数及 CO_2 浓度年超标率均高于地上车站，地下站 1 月细菌总数超标率为 1.18%、CO_2 浓度超标率为 1.33%，而地上站细菌总数超标率为 0、CO_2 浓度超标率同样为 0；地下站 7 月细菌总数超标率为 0.58%、CO_2 浓度超标率为 0，而地上站细菌总数超标率为 0、CO_2 浓度超标率同样为 0。

由此可见，地铁轨道交通虽然便利了人们的出行，但整体环境却并不是那么理想，因此可以通过改变新风输送等手段来使得地下轨道交通的环境质量能更适宜人体健康。

当然移动是人性原始的冲动，交通运输是保持城市生活结构的命脉，交通不仅是到达目的地的一种手段，其本身也是城市生活中的一项重要内容[5]。因此，交通的可持续性对于整个城市乃至城市中的人们都是非常重要的因素。现如今，已经有很多建筑规划师尝试通过不同的手段来促使交通的可持续性，来减少交通所带来的环境问题，如减少交通需求或缩短交通距离；改变交通的模式促使自行车的使用；采取零排放有毒气体和二氧化碳的汽车；在道路中大量植入绿化，等等，这些努力都对整体城市的交通环境带来极好的影响。

案例：首尔空中花园

首尔空中花园是由建筑师 MVRDV 设计的，项目位于韩国首尔，是一座充满各种植物的架空桥梁。其中植物图书馆是由 Ben Kuipers（丹麦景观设计师）和 KECC（韩国的景观合作方）创作的（图 7.7）。

图 7.7 首尔空中花园局部鸟瞰图

图片来源：Archdaily 官方网站 https://www.archdaily.cn/

该项目将一座天桥改造成一个公共花园，将韩国植物群覆盖到钢结构上。通过大量不同品种的植物来增加交通的可持续性及净化城市交通环境，将植物多样性最大地融入城市环境中，这样不仅可以对交通所产生的有害气体进行有效的过滤与净化，使得空气更为清新，从而改善交通的整体环境，让整个城市变得更环保更友好，也更具吸引力和活力，为当地的居民带来更为丰富的生活体验。

环境对于人类来说特别是现代社会的人类来说是非常重要的，而如果人类还一味地追寻经济发展而忽略对于环境的破坏，其后果及带来的危害也是相当严重的。环境并不是某个人或某个物的环境，而是大家共同的生活家园，好的环境的最大受益者也是我们人类自身，环境保护作为一个永恒的话题，需要人类共同的维护与努力，保护城市环境也就是保护自己，环境与人类是不可分离的生命共同体。

参 考 文 献

[1] 吴志强, 李德华. 城市规划原[M]. 4 版. 北京: 中国建筑工业出版社, 2010.
[2] 寇耿, 恩奎斯特, 若帕波特, 等. 城市营造: 21 世纪城市设计的九项原则[M]. 赵瑾, 译. 南京: 江苏人民出版社, 2013.
[3] 李胜. 厦门市城市热岛_径流量和不透水面的遥感信息提取研究 [D]. 福州: 福州大学, 2005.
[4] 罗勇. 城市可持续发展[M]. 北京: 中国人民大学出版社, 2007.
[5] 里奇, 托马斯. 可持续城市设计[M]. 上海现代建筑设计(集团)有限公司, 译. 北京: 中国建筑工业出版社, 2014.
[6] 刘群. 我国工业园区发展现状及建议[J]. 中国国情国力, 2011, (5): 27-29.
[7] 吴恩融. 高密度城市设计[M]. 叶齐茂, 倪晓辉, 译. 北京: 中国建筑工业出版社, 2014.
[8] 佚名. 你好嘉欣. 震惊！这竟然是嘉兴 90 年代的老小区[EB/OL]. (2016-05-01) [2017-08-06]. http://www.sohu. com/a/162661129_578929.
[9] 王波, 张雪军. 大型公共建筑管理节能智能监测系统研究[J]. 中国高新技术企业, 2012, (23): 9-11.
[10] 刘彩琴, 朱文艳. 我国商业街现状分析[J]. 科技情报开发与经济, 2008, (8): 112-113.
[11] 武汉市旅游局. 武汉新天地[EB/OL]. (2014-08-06) [2014-12-18]. http://www. wuhantour.gov.cn/ whmj/1816. jhtml.
[12] 李林. 浅谈城市街道绿化的现状与展望[J]. 中国科技博览, 2010, (12): 186.
[13] 刘小燕. 我国城市交通现状及对策分析[J]. 价值工程, 2012, 31(25): 80-81.
[14] 张海云, 李丽, 蒋蓉芳, 等. 上海市地铁车站空气污染监测分析[J]. 环境与职业医学, 2011, 28(9): 564-566.

第三篇　数字技术与操作案例篇

本书前面两篇探讨了气候、地形与各种环境条件对城市环境的作用与影响。可以说，城市的环境有着复杂的内因和外因。既需要考虑区域较大的气候、大气边界层的状况，又需要研究城市本身的植被、建筑等下垫面的组成状况。总体上属于尺度较大的问题研究，对于传统的研究手段来说具有一定的局限性。例如，传统的城市热环境研究，需要使用大量仪器设备进行布点监测，或者需要大量的人员进行问卷调查和分析，使得城市尺度的研究消耗巨大、难以深入。即使是社区等环境尺度较小的地方，也难以长时间连续观测获得不同气候、时间段下的环境状况。因此，需要借用目前较为先进的数字化手段进行辅助研究。

总体上来看，城市环境研究可以分为大尺度、中等尺度、小尺度这三个尺度。大尺度，主要是气候、地理环境的影响，它们是一个区域能量转换的主体因素，大尺度关注的是相对宏观的问题；中等尺度，对城市规划来说，主要体现了一个城市的气候状况，其更多受到具体城市规划的影响，中等尺度关注的是街区和城市中等区域的问题；小尺度，主要关注社区尺度，可以调查各种类型的实际人工下垫面情况，发现在具体的环境情况下的社区最优布置方式，这个尺度与人类生活密切相关，受到城市规划影响更大。第三篇将从大尺度到中等尺度再到小尺度的顺序，分别介绍不同尺度层面的数字化分析的工具，并以案例的形式说明如何运用这些工具。

当然，在使用数字化的分析软件之前，首先需要获得研究区域的各种数据资料作为边界条件设置。这些数据一方面包括地理位置（经度、纬度）、区域大小、人口、经济规模等行政资料，另一方面也包含天气、气候资料（包括历史资料）、城市数字化地图、遥感卫星影像等，同时对重要的典型区域，如自然植被区，需要收集其面积、植被种类等资料。通过这些资料，熟悉目标城市及城区，并将其作为各尺度数字模拟的起始条件。

第 8 章　ArcGIS 软件及操作案例

8.1　3S 技术简介

随着经济和社会的进步，GPS、GIS、RS 等先进数字化技术的研究与应用都取得了重大的发展。而随着人居环境理论的发展，在建筑环境、城市规划和可持续设计等方面，“3S”技术得到了广泛的应用，并为人居环境的建设实践提供科学依据。城市疆域的扩大、大型城市群的出现和城市问题的复杂化，都使得城市环境研究离不开“3S”技术的支持。GIS 具有强大的空间地理数据管理和分析功能，并能够对分析结果给予直观的显示，为具有空间属性特征的用地评价提供了一种有效工具[1]。遥感技术可以对全球进行多层次、多视角、多领域的探测和监测，并将遥感图像进行变换、加工，产生可以成为专业人员判读的图像或资料[2]。正是基于这些特点，结合城市大数据信息的记录和处理，可以总结出相关规律，由此为人居环境的研究提供数据和科学依据。

8.1.1　GIS 技术

GIS 是一种对地理空间信息进行采集、储存、管理、运算、分析、显示和描述的数据管理系统，可以根据研究需要输出各类综合及专题地图，具有可视化程度高及计算机操作简便的技术特点[3]。RS 与 GIS 相结合，因其在空间数据获取、分析处理方面具有突出的优势，已在城市规划布局和水土监测管理、城市景观格局多样性研究、城市绿地现状动态调查、城市绿地功能分析与评价等方面得到广泛的应用，产生了良好的效益与效率。

8.1.2　RS 技术

遥感一词的英语是 remote sensing，即“遥远的感知”，泛指一切无接触的远距离探测，包括对电磁场、力场、机械波（声波、地震波）等的探测，按传感器的探测波段，可以分为紫外遥感（0.05～0.38 μm 的波段）、可见光遥感（0.38～0.76 μm 的波段）、红外遥感（0.76～1000 μm 的波段）、微波遥感（1 mm～10 m 的波段）和多波段遥感等，涉及航空、航天、光电、物理、计算机和信息科学等众多应用领域[4]。在城市规划及环境专业的相关学科中，遥感技术由于卫星影像观察面积大、显示清晰、用途多样，得到了广泛的使用。

1. 理论基础[5]

地球大气中的辐射过程，一般认为在地面以上至 60km 的大气仍可视为处于局部辐射平衡状态。地表与大气耦合面能量交换过程复杂，一般在几微米的表层内，处于非热平衡状态。以下四个基本热辐射定律用来研究平衡辐射的吸收与放射规律。

1）基尔霍夫定律

在一定的温度下，任何物体的辐射出射度 $F_{\lambda,T}$ 与其吸收率 $A_{\lambda,T}$ 的比值是一个普适函数 E（λ，T）。E（λ，T）只是温度 T、波长 λ 的函数，与物体的性质无关：

$$F_{\lambda,T}/A_{\lambda,T}=E(\lambda, T) \tag{8.1}$$

2）普朗克定律

绝对黑体的辐射光谱 $E_{\lambda,T}$ 对于研究一切物体的辐射规律具有根本的意义。

$$E_{\lambda,T}=\frac{2\pi c^2 h}{\lambda^5}(e^{\frac{ch}{k\lambda T}}-1)^{-1}=\frac{c_1}{\lambda^5}(e^{\frac{C_2}{\lambda T}}-1)^{-1} \tag{8.2}$$

式中：$E_{\lambda,T}$ 的单位是 $W \cdot m^{-2} \cdot \mu m^{-1}$；$c$ 为光速，$c=2.9979\times10^8$ m/s；h 为普朗克常数，$h=6.6262\times10^{-34}$ J·s；k 为玻尔兹曼常数，$k=1.3806\times10^{-23}$ J/K，$c_1=2\pi hc^2=3.7418\times10^{-16}$ W·m^2；$c_2=hc/k=14388$ μm·K。

3）斯特藩-玻尔兹曼定律

$$\sigma=5.6696\times10^{-8}\ W/(m^2 \cdot K^4) \tag{8.3}$$

式中：σ 称为斯特藩-玻尔兹曼常数。

4）维恩位移定律

1893 年维恩从热力学理论导出黑体辐射光谱的极大值对应的波长 $\lambda_{max}=b/T$，$b=2897.8$ μm·K，温度越高，λ_{max} 越小。把单位波数间隔的辐射出射度极大值称为峰值波数 V_{max}，则有

$$E_{v,T}=\frac{c_1 v^3}{e^{\frac{c_2 v}{T}}-1} \tag{8.4}$$

求解方程可得：$V_{max}=T/5099.6$；当 $T=6000$K 时，$V_{max}=1180\ cm^{-1}$（$\lambda=0.85$ μm）；当 $T=300$ K 时，$V_{max}=588\ cm^{-1}$（$\lambda=16.999$ μm）；峰值波长与峰值波数有一定的偏差。

2. 太阳的电磁辐射及其特性

太阳辐射是地球上所有表面能量的来源，因此地表接受及反射辐射能量的能力是进行遥感探测的重要依据。太阳表面温度约为 6000 K，其辐射覆盖了由 1 Å 至 10 m 以上的波长范围，包括 γ 射线、紫外线、可见光、红外线、微波及无线电波，其中太阳辐射的大部分能量集中在 0.4～0.76 μm 的可见光波段，因此太阳辐射一般称为短波辐射[6]。

地球与太阳相距约 1.5 亿 km，太阳辐射的速度以 30×10^4 km/s 计，则到达地表的时间约 500 s[7]。地球上所有表面接收的太阳辐射都由直射光和经过其他大气、地物反射的散射光组成，随着地表的热特性不同而呈现对于热辐射的不同反应特征，因此通过遥感技术手段探测某种类型地物的辐射能量，不仅与这种地物的特征有关，还与卫星过境时的气象条件和当地气候特点有紧密关系。

3. 国内外主要遥感卫星

遥感学科的核心就是各种分辨率的卫星遥感影像，它们是从太空高度了解地球表面信息的有效工具。民用的卫星按照作用、探查信息类型和精度划分为不同的种类。不同的研究应该使用不同的卫星遥感影像及其相关波段。这里将主要介绍目前实际研究和应用中经常使用的民用遥感卫星。

1）美国陆地卫星（Landsat）——TM/ETM 系列[8]

美国于 20 世纪 70 年代，在气象卫星的基础上研制发射了第一代试验型地球资源卫星，分辨率为 80 m。80 年代，美国分别发射了第二代试验型地球资源卫星（Landsat-4，Landsat-5），分辨率为 30 m。Landsat-5 卫星是 1984 年发射的，其获取的多波段扫描影像称为 TM 影像。1999 年发射了 Landsat-7 卫星，以进行地球图像、全球变化的长期连续监测。该卫星装备了一台增强型专题绘图仪 ETM+，该设备增加了一个 15 m 分辨率的全色波段。美国陆地卫星每景对应的实际地面面积约为 185 km×185 km（Landsat-7 为 185 km×175 km），16 天即覆盖全球一次。

2）法国地球观测卫星（SPOT）[9,10]

自 1986 年 2 月 22 日至今，法国已成功发射了 5 颗 SPOT 卫星。其中 5，6 号卫星目前仍在轨运行。SPOT5 卫星于 2002 年 5 月在法国空间研究中心发射，数据在 2002 年 7 月接受使用。其全色影像有 2.5 m、5 m、10 m 三种分辨率，多光谱影像有 2.5 m（3 个波段）、5 m（3 个波段）、10 m（4 个波段）、20 m（3 个或者 4 个波段）四种分辨率，可以满足不同用户的应用需求。

3）IKONOS 卫星[11]

IKONOS 卫星于 1999 年 9 月 24 日发射成功，是世界上第一颗提供高分辨率卫星影像的商业遥感卫星。IKONOS 卫星的成功发射不仅实现了提供高清晰度且分辨率达 1 m 的卫星影像，而且开拓了一个新的更快捷、更经济获得最新基础地理信息的途径。IKONOS 是可采集 1 m 分辨率全色和 4 m 分辨率多光谱影像的商业卫星，同时全色和多光谱影像可融合成 1 m 分辨率的彩色影像。该卫星影像已被广泛应用到军事、规划、地理测绘等方面。

4）QuickBird[12]

QuickBird 卫星于 2001 年 10 月由美国 DigitalGlobe 公司发射，是目前世界上唯一能提供亚米级分辨率的商业卫星，具有最高的地理定位精度，海量星上存储，单景影像像幅比其他的商业高分辨率卫星高出 2～10 倍。在中国境内每天至少有 2～3 个过境轨道，有存档数据约 500 万 km^2。该卫星影像也是目前应用较多的高精度遥感影像。

5）中巴地球资源一号卫星[8]

中国和巴西联合研制的中巴地球资源卫星，即资源一号卫星（CBERS），包含 CBERS-01、CBERS-02、CBERS-02B、CBERS-02C、CBERS-04 五颗卫星组成，CBERS-01 于 1999 年 10 月 14 日发射成功，经过在轨测试后转入应用运行阶段。由北京、广州和乌鲁木齐 3 个地面接收站接收该卫星获取的我国境内的遥感数据。所接收影像的地面分辨率分别为 19.5 m、78 m、256 m。

6）NOAA/AVHRR 影像[13]

NOAA 系列极轨气象卫星是由美国国家海洋与大气管理局（NOAA）和美国国家航空航天局（NASA）联合管理的民用极轨空间飞行器系统。该系列卫星的特点是：数据更新快、动态性强、适合长时间监测应用；具备适合的光谱通道，并提供多个红外光谱通道；空间分辨率适中，极轨卫星的星下点分辨率为 1.1 km；数据成本低廉。

4. 使用现状

随着科技的发展，遥感技术越来越成熟，空间分辨率也越来越高，目前，已完全能够胜任城市的空间分析工作。遥感监测时相多、范围广、能长期连续观测，对微观和宏观问题都可进行定性、定量分析[14]。遥感卫星的宽阔视野，使遥感影像进行的空间分析具有全面性。而遥感卫星按照轨道的周期拍摄地球上任意指定区域的能力，使利用时间序列、地域序列进行对比分析的研究成为可能。在这其中，热红外遥感是城市热环境的较好研究手段。热红外线（或称热辐射）是自然界中存在最为广泛的辐射，甚至可以使人们在完全无光的夜晚，清晰地观察到地表的情况，人们可以利用它来对物体进行无接触温度测量和热状态分析，从而为工业生产、节约能源、保护环境等方面提供一个重要的检测手段[7]。

一般常温的地表物体发射的热辐射主要在大于 3 μm 的中远红外区，并在大气传输过程中通过 3～5 μm 和 8～14 μm 两个波段区域，而热红外遥感就是利用星载或机载传感器收集、记录地物的这两个波段区域的热红外信息，并利用热红外信息来识别地物和反演地表参数、温度、湿度和热惯量等，因此地表和太阳的热红外辐射特性是热红外遥感的基础[15]。

遥感技术是“3S”技术中利用推导模型解决空间信息问题的学科，也就是可以通过各种的空间模型处理各类遥感影像，获得相应的地表反演结果。针对本书关注城市地表各类空间的环境问题，以地表温度和蒸散的求取为主，因为陆面与大气之间的辐射、动量、感热、潜热通量等指标影响着大气的运动、温度、湿度和降水场[16]。这也是城市环境问题的主要研究指标。这些指标都会在地表温度和蒸散求取的过程中被考虑。地表温度和蒸散的相互关联可以更好、更全面地用来分析城市各种下垫面（尤其是水面和绿地）与城市的热环境之间的关系。所以在进行基于遥感技术的热环境分析时，需要将地表温度和蒸散作为研究内容。

1）地表温度

在城市存在的各种问题当中，热岛效应是影响最广泛、浪费资源最严重的问题之一，由此带来了恶劣的城市热环境。而在遥感领域，地表温度的反演能够直接体现热岛效应的分布，因此近年来也得到了大量的应用。尽管受到地物、人类活动和大气的影响而会出现相应误差，地表温度（land surface temperature，LST）作为研究城市热岛的有效手段之一，其定量反演的结果将对城市生态环境过程、城市生态环境评价和城市规划等方面的研究具有重要意义[17]。因此需要通过对地表温度的研究，重点探察城市热岛效应与城市下垫面规划的关系，由此获得城市热环境问题的内在驱动力。研究主要应用 TM/ETM 系列遥感影像。由于该影像各波段分辨率较高，Landsat 卫星的 TM 遥感影像数据可以较好地用来对城市地表各区域展开研究。

2）地表蒸散

蒸散（evapotranspiration，ET）既包括从地表和植物表面的水分蒸发，也包括通过植物表面和植物体内的水分蒸腾；既是地表水分循环的重要组成部分，也是能量平衡的主要项（水分变成气体需要吸收热量）[18]。单个植株的蒸散作用或许比较微弱，但是从城市整体来说，数量巨大的植株的蒸散作用是非常可观的。遥感探测可以从宏观上了解植物蒸散作用在城市中的分布情况。

在本书热环境研究中，之所以需要进行地表蒸散的相关研究，是因为地表蒸散虽不能直接体现城市热环境的分布和结构，但是地表的热环境状态是与自然下垫面密切相关的。而植被、水体对城市热场的改善很大程度上是来自蒸散的作用。当然，对于地表蒸散的研究仍然需要与下垫面的其他指标（如地表温度等）相结合才能直观反映其对热环境的影响。

遥感技术有其自己的优势：全面性、长期性、准确性[7]；同时遥感技术也存在不足之处：不具备流场分析手段、不能进行优化设计。因此遥感技术通常会结合其他技术进行分析与研究。

8.1.3 空间信息技术所需的资料

使用空间信息技术之先，也需要了解和收集必要的资料数据。如果没有准确的基础数据和图像资料，数字化分析体系就没办法正常进行。基础资料收集首先要研究来自于基地持有者（比如政府、开发商等）的要求、专家的专业意见、各种法律法规的限制、现有人口情况等资料。然后调查区域气象资源、生态资源、土地利用状态等内容。此时的遥感图像主要利用高精度遥感影像。基础资料收集主要应获取下面几个方面的信息，为后续数字化研究做准备。

1）城市基础资料

这里主要包括城市的等级、职能、地理位置（经、纬度）、领域大小、人口、经济规模等行政资料。需要得到的其他资料包括城市数字化地图、城市土地利用图、城市各类行政统计数据、城市整体空间状况调查等数据。还可以借助 Google earth 软件进行初步研究。Google earth 是 Google 公司提供的免费高精度卫星图像浏览工具①。研究者可以通过在线浏览的方式观察高分辨率遥感影像用以研究城市的空间结构和发展状况。通过这些资料，熟悉目标城市，并作为数字模拟的基础数据之一。

2）城市气象资料

需要了解目标城市所在的气象分区，大气候状况，全年太阳辐射、降雨等基本情况，并掌握研究时间段的天气、温度、湿度、风速等详细气象测量资料。城市气象资料一般由气象部门记录和整理，近年来也开始逐步对各级科研部门进行共享，需要到相关网站进行注册下载②。为此次研究提供了不少便利。

3）城市下垫面组成资料

需要获得研究区域各下垫面组成情况的相关资料。比如建筑下垫面，需要大致掌握城市各区域建筑密度及其相应的密度等级分区。城市的绿地则需要收集城市公园、绿地、景观等植被较为集中的区域的资料（面积、位置等）。水

---

① 该工具可以在 Google 公司的网站下载和浏览：http：//earth.google.com。
② 中国气象科学数据共享服务网：http：//cdc.cma.gov.cn/。

体是生态环境中重要的一环，江、湖、湿地等大型水体的地理位置、面积、水体种类等资料也成为资料收集的重点。

8.2　ArcGIS 概述

8.2.1　软件介绍

1. 开发公司与软件用途

随着 GIS 技术日趋成熟，国内外基于 GIS 技术开发的软件也逐步完善。其中，ArcGIS 可以说是众多软件中应用较为广泛的一款，它是由著名的 GIS 系统开发公司 ESRI(Environmental Systems Research Institute, Inc.)开发的。整个 ArcGIS 平台是由一系列软件组成的，在这个平台中，可以实现场景建模，数据的采集、输入、编辑、储存与可视化表达，专题制图，空间分析等功能。

2. 使用现状

ArcGIS 由于具有强大的空间分析功能，在目前的地理学、城市规划学、风景园林学中都有着较多的应用。尤其是在城市空间的研究领域有着重要的作用。通过遥感影像的处理可以获得城市的基础信息，包括城市绿地的边界、建筑密度、城市用地分类等信息。当使用者具有城市其他专业数据信息时，可以结合上述基础信息将城市的环境因素与城市地理位置信息相结合，迭代城市绿地、城市基础设施等空间信息开展进一步的研究，比如对某些重要空间进行发展趋势、作用范围、合理路径等方面的分析。近年来随着大数据等新兴领域的发展，ArcGIS 等空间分析软件得到了长足的应用。该软件不仅可以应用在传统各类型地理空间的数据存储、处理和分析上，也可以结合各种城市大数据进行环境和居民行为方式的预测性分析，使城市环境影响因子的分析更为全面，也提高了城市的数字化管理水平。因此，现在规划和人居环境专业多使用该软件做城市尺度的空间分析。

8.2.2　操作方法

1. 操作界面

ArcMap 是属于 ArcGIS 平台中的一款具有地图制作、空间分析等功能的软件，本书将以 ArcMap10.2 软件版本进行介绍与分析模拟。图 8.1 为 ArcMap 的主要操作界面，主要由菜单栏、快捷菜单栏、ArcToolbox（工具箱）、内容列表、目录等几部分组成。

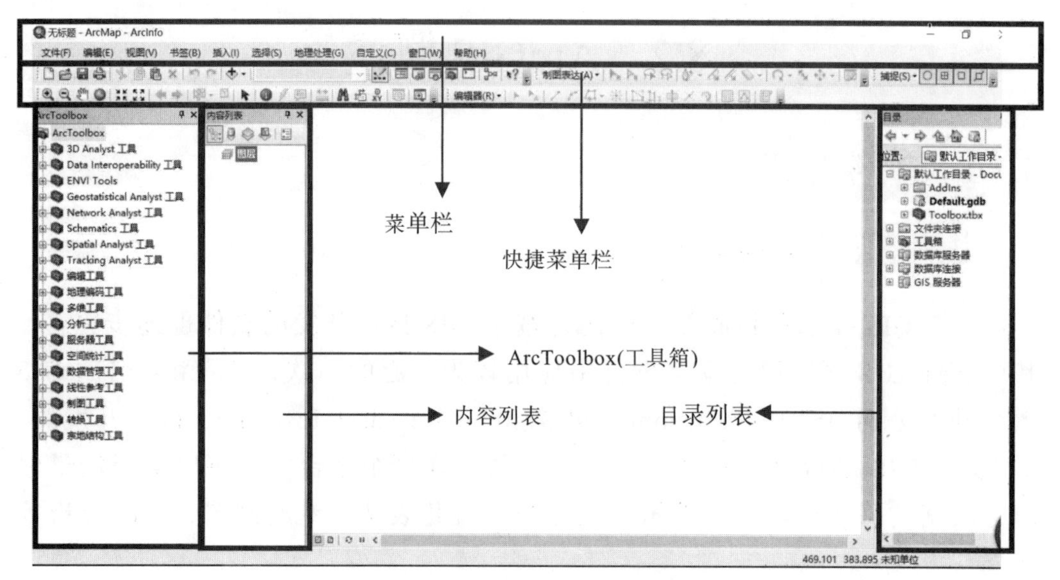

图 8.1　ArcMap 的主要操作界面

图片来源：软件界面截图上自绘

2. 主要功能

1）添加数据

单击快捷菜单栏中的“添加数据”按钮，添加已经准备的数据，如数据的坐标、相对湿度、面积等，以便进一步对数据进行分析。

2）显示数据

内容列表主要用来显示已经加载进来的数据，可以显示数据存放的位置及相互之间的关系。它主要有四种“列出”方式，分别是“按绘制顺序列出”“按源列出”“按可见性列出”“按选择列出”，其中只有“按绘制顺序列出”是可以拖动排列图层的显示顺序的，也就是在“内容列表”的最上端单击最左侧的按钮即可实现图层的拖动。

3）编辑、分析数据

ArcToolbox 几乎包含了 ArcMap 所有的工具，它可以实现对加载进来的数据进行编辑、分析等操作。

4）查看和处理 GIS 信息

在目录窗口中，GIS 内容均已组织到树视图的一系列结点中，包含地图的主目录文件夹、常用 GIS 内容的其他文件夹连接，以及其他类型的 ArcGIS 连接等，它与使用 Windows 资源管理器相似，但目录窗口更侧重于查看和处理 GIS 信息。它以列表的形式显示文件夹连接、工具箱、数据库服务器、数据库连接和 GIS 服务器。操作时可以使用位置控件和树视图导航到各个工作空间文件夹和地理数据库。

3. 操作案例

1）利用经纬度添加测点

如果测量的点是度、分、秒的格式，要转换成度的格式，然后通过“文件—添加数据”或者 ArcToolbox 中的“转换工具”，将点添加到 ArcMap 中。

2）文件添加的测点的属性列表

对添加进来的文件添加属性列表的字段时，保持文件处于编辑停止状态，右键单击“被编辑图层—打开属性表—添加字段”，字段的属性包括：短整型、长整型、浮点型、双精度、文本、日期。

3）对点要素设置缓冲区

在 ArcToolbox 中找到 Anlysis Tools（分析工具）下的邻域分析，并双击选择其中的缓冲区工具，对输入的点要素进行缓冲区分析。参考图 8.2 的界面完成对缓冲区输出的设置后，就可以得到如图 8.3 所示的缓冲区分析结果。

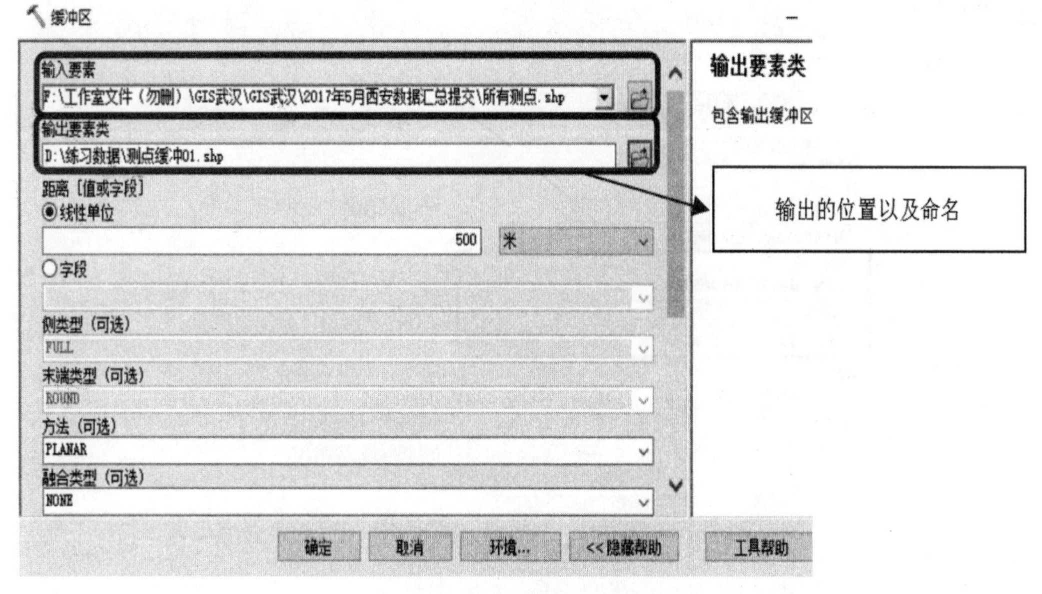

图 8.2　设置缓冲区界面

图片来源：软件界面截图上自绘

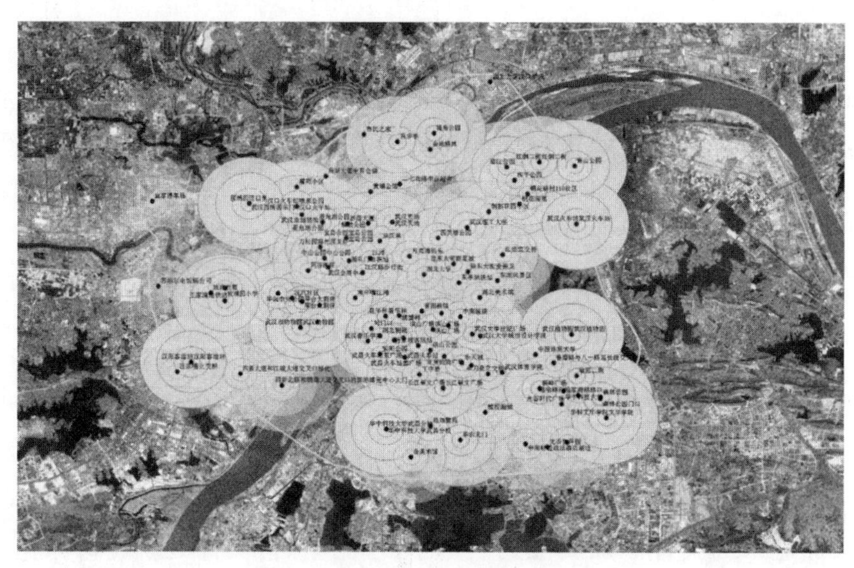

图 8.3　缓冲区分析结果界面图

图片来源：软件界面截图上自绘

4）对测点添加超链接

首先，右键单击需要被设置超链接的图层，选择属性列表，打开表后，在“表选项”中添加字段。然后，设置“属性列表”右键单击需要被设置超链接的图层选择属性，打开图层属性后，选择“显示”标签栏，参考图 8.4 进行超链接设置。最后，对图层进行超链接，单击超链接图标，单击测点，即可打开文件（图 8.5）。

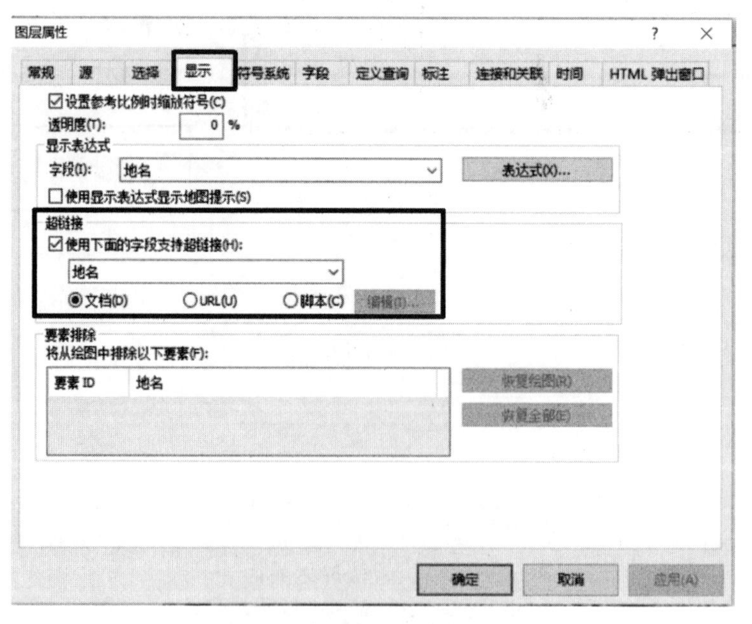

图 8.4　设置属性列表界面

图片来源：软件界面截图上自绘

图 8.5　超链接界面

图片来源：软件界面截图上自绘

8.3　操作案例

8.3.1　城市地表温度反演

城市地表温度反演研究，主要是利用遥感影像进行城市地表温度的反演。该反演过程较为复杂，需要利用到各种反演参数进行辅助计算。其过程包括遥感影像的选择、数据预处理、反演模型计算、数值划分等步骤。

1. 遥感影像的选择

地表温度指标是最能直接反映热岛效应的指标之一。它的反演需要考虑各种气象因素、下垫面因素对遥感探测收集到的数据信息的干扰。地表温度的求取首先要根据研究内容选择卫星遥感影像，需要选择的影像包括热红外波段，因为只有在该频率波段才有包含反演温度所需的热红外窗口值。此外还应该根据研究需要选择合适分辨率的遥感影像类型。本书主要进行的是城市热环境及热岛效应方面的研究，属于中等尺度区域的研究。QuickBird、IKONOS 等高分辨率遥感影像虽然具有米级或是亚米级的分辨率，但是同时也带来了大量的冗余数据，现代城市的规模和覆盖面积都大大超过以往。例如，武汉市域面积就达到 1000 多 km^2，这样大的面积内，使用 1 m 左右分辨率的遥感影像（如 IKONOS、QuickBird）显然是昂贵而不经济的。而且一个城市的下垫面处理量超过 G 级的数据信息，其中多为烦琐的下垫面细节，对热环境的实际研究起不到任何作用。由此也带来软硬件的极高要求，不利于城市研究的开展。更为重要的是，高分辨率遥感影像都没有相应的热红外遥感波段，所以不适合作为城市热环境问题的研究影像。而作为大尺度分辨率的 MODIS、AVHRR 等遥感影像，空间分辨率在250～1000 m，虽然具有多个热红外遥感波段，但是空间分辨率较低，只适合大尺度的监测和统计研究，如全国资源遥感调研。利用这些数据进行城市热环境的遥感研究，显然比较粗糙，不大适合。综上所述，本书主要选择处于中等分辨率，具有热红外遥感波段的卫星遥感影像进行城市热环境的研究。中等分辨率的遥感影像主要有SPOT 影像和TM/ETM影像。而5 m分辨率的SPOT 影像，缺乏热红外遥感波段。TM/ETM影像相对来说也有较高精度的地面分辨率，该影像具有一个热红外波段（TM 6①），可用来分析各类下垫面的热物理状况和各种温度场。TM影像等1～5波段和第7波段的空间分辨率是30 m，而第6波段的空间分辨率是120 m，波长为10.45～12.5 μm，而TM影像的改进卫星（美国Landsat-7所产生的卫星遥感影像）ETM卫星遥感影像第6波段热红外波段的像元分辨率为60 m,同时增加了一个空间分辨率为15 m的全色波段[19]。因此TM/ETM系列的卫星影像适合进行中等尺度的区域（如城市）分析研究。其热红外波段是目前民用卫星中分辨率最高的之一，该波段的应用主要是将拍摄到的卫星影像的灰度值经过数学模型转化为亮温度。如果需要获得对地表温度分布的准确情况分析，就需要选择合适的地表温度反演模型计算，去除地球上的各种环境因素和大气层结构产生的不利影响，获得实际的地表温度值。

2. 数据预处理

卫星影像在使用来进行相关科学研究前，要进行数据的预处理以达到所需要的质量。数据的预处理就是卫星在经过研究地上空进行拍摄时，其飞行姿态、地球的大气状况等因素会使影像与实际地表产生一定的差距，因此需要消除卫星上的遥感探测装置因为上述问题所产生的不准确，包括影像辐射校正、影像几何校正、空间配准等过程[20]。

几何校正、辐射校正的目的主要在于去除透视收缩、叠掩、阴影等地形因素，以及卫星扰动、天气变化、大气散射等随机因素对成像结果一致性的影响；空间配准的目的在于消除由不同传感器得到的影像在拍摄角度、时相及分辨率等方面的差异，一般可分为以下步骤：特征选择、特征匹配、空间变化、插值[21]。

3. 地表温度反演求取过程

1）单窗算法介绍[22～24]

传统上使用大气校正法，从TM 6数据中求算地表温度，计算中需要卫星过境时的大气剖面表征数据。在实际研究中，所研究区域往往缺乏或是部分缺

---

① 表示TM卫星影像的第6波段，下文按类似编号推理。

乏这些大气剖面数据，或是研究人员很难完整地得到这些数据的使用授权，因此在以往研究中，往往采用的方法是利用理想情况或是理论情况替代实际的空间数据，但是这样做的结果是大气校正法的地表温度演算精度较差[22]。为此在本书中将采用覃志豪的单窗算法作为研究手段。该算法首先求出 ETM 卫星影像第 6 波段热红外波段反演的地表亮温度值，以此为基础用地表比辐射率、大气平均作用温度、大气透射率等指标进行综合调整，获得地表温度灰度图，该灰度图的像元值即为地表温度值，演算误差在±（1～2）℃[23]。该方法根据实证经验简化了处理流程，并通过大气和地表参数纠正误差，所获得的地表温度具有较高的使用价值，也是目前主流的求取方法。

2）求取地表亮温度[17,22,25~27]

亮温度是遥感器在卫星高度所观测到的热辐射强度相对应的温度，这一温度受大气和地表对热辐射传导的影响，因而不是真正意义上的地表温度，两者之间的误差甚至可以达到 10 多摄氏度[22]。地表亮温度是求取真实地表温度的基础参数，在要求不高的趋势分析时也可以作为重要的参考值，因此它也是一个关键的参量。

一般而言，我们所得到的 TM 数据是以灰度值（digital number，DN）来表示，卫星影像的 DN 在 0～255，数值越大，亮度越大，而从 TM 6 数据中求算亮温度的过程包括把 DN 转化为相应的热辐射强度，然后根据热辐射强度推算所对应的亮温度[22]。

对于 Landsat TM 5 来说，其所接收到的辐射强度与其 DN 有如下关系[17]：

$$L_\lambda=L_{\min,\lambda}+(L_{\max,\lambda}-L_{\min,\lambda})\,\mathrm{DN}/Q_{\max} \tag{8.5}$$

式中：L_λ 为 TM 遥感器所接收到的辐射强度，单位为 $\mathrm{mW\cdot cm^{-2}\cdot sr^{-1}}$；$Q_{\max}$ 为最大的 DN，即 $Q_{\max}=255$；DN 为 TM 数据的像元灰度值；$L_{\max,\lambda}$ 和 $L_{\min,\lambda}$ 为 TM 遥感器所接收到的最大和最小辐射强度，即对应于 DN = 255 和 DN = 0 时的最大和最小辐射强度。

而单位光谱范围的辐射亮度等于绝对辐射亮度与其有效光谱范围之比[26]：

$$R_b=L_\lambda/b \tag{8.6}$$

式中：R_b 为单位辐射亮度，$\mathrm{mW\cdot cm^{-2}\cdot sr^{-1}\cdot \mu m^{-1}}$；$b$ 为有效光谱范围，μm。

有效光谱范围以使传感器反映大于 50%的部分计，取 b=1.239 μm。单位辐射亮度值 R_b 与绝对亮温 T 的关系如下[26]：

$$T=K_1/\ln(K_2/R_b+1) \tag{8.7}$$

式中：K_1=1260.56 K；K_2=60.766mW · cm^{-2} · sr^{-1} · μm^{-1}，T 为绝对亮温度，单位为 K。以上公式所得出的 T 为绝对温度，为了便于研究，可将其转化为摄氏温度。

对于 ETM 来说，由于 Landsat-7 卫星进行了一定的改进，部分参数需要参考影像头文件才能确定，所以上述的辐射值和亮温度的计算需要引进新的计算方法，其中辐射强度的计算方法为[27]

$$L_\lambda=[(L_{max,\lambda}-L_{min,\lambda})/(Q_{cal,max}-Q_{cal,min})]\times(Q_{cal}-Q_{cal,min})+L_{min,\lambda} \quad (8.8)$$

式中：L_λ 是经过传感器得到的辐射强度，$L_{max,\lambda}$ 为光谱辐射强度的最大值，$L_{min,\lambda}$ 为光谱辐射强度的最小值；$Q_{cal,min}$ 为最小的量子化校准像元值；$Q_{cal,max}$ 为最大的量子化校准像元值。

同时，ETM 数据计算地表绝对亮温度的计算公式与 TM 数据的计算公式相比也有一些改变[25]：

$$T_6=1282.71/\ln(1+666.09/L_\lambda) \quad (8.9)$$

3）大气参数反演过程[22~24,28~30]

地表亮温虽然也可以反映城市热环境的分布，但是忽视了大气和地表因素的干扰而有一定误差。根据地表热辐射传导方程，卫星遥感所观测到的热辐射总强度，不仅有来自地表的热辐射成分，而且还有来自大气的向上和向下热辐射成分，并受到大气层吸收作用的影响而减弱，同时地表和大气的热辐射特征也在这一过程中产生不可忽略的影响[22]。因此为了使获得的真实地表温度能够有较高的精度，在研究中需要根据相关的地区和气候环境状况，结合一系列已获得的或能推导的参数进行精度调整。这里将用覃志豪等的单窗算法进行进一步的地表温度的求解。

（1）大气平均作用温度的估计[23]

大气平均作用温度（T_a）主要取决于大气剖面气温分布和大气状态。由于卫星飞过研究区上空的时间很短，一般情况下很难进行实时大气剖面数据和大气状态的直接观测（如气球探测）。这里根据覃志豪等的估算方法，可知 T_a 与地面附近 2 m 处的气温（T_0）有如下线性关系。

美国 1976 年平均大气：

$$T_a=25.9396+0.88045T_0; \quad (8.10)$$

热带平均大气：

$$T_a=17.9769+0.91715T_0; \tag{8.11}$$

中纬度夏季平均大气：

$$T_a=16.0110+0.92621T_0; \tag{8.12}$$

中纬度冬季平均大气：

$$T_a=19.2704+0.91118T_0。 \tag{8.13}$$

（2）大气透射率的估计[23]

大气透射率（τ_6）对地表热辐射在大气中的传导有非常重要的影响，因而是地表温度遥感的基本参数。覃志豪等[23]利用大气模拟建立方程，考虑了大气水分在 0.4～6.4g/cm^2 的变动情况。大气模拟还需要假定一个地面附近的气温所对应的大气剖面温度分布，为此考虑高气温（夏季）和低气温（冬季）两种情形[28,29]。

高气温（夏季），水分含量（0.4～1.6g/cm^2）：

$$\tau_6=0.974290-0.08007W_0; \tag{8.14}$$

高气温（夏季），水分含量（1.7～3.0g/cm^2）：

$$\tau_6=1.031412-0.11536W_0; \tag{8.15}$$

低气温（冬季），水分含量（0.4～1.6g/cm^2）：

$$\tau_6=0.982007-0.09611W_0; \tag{8.16}$$

低气温（冬季），水分含量（1.7～3.0g/cm^2）：

$$\tau_6=1.053710-014142W_0。 \tag{8.17}$$

式中：τ_6 为大气透射率；W_0 为大气水分含量，可以由地面水汽压之间的关系来确定。

（3）地表比辐射率[24]

地表比辐射率主要取决于地表的物质结构和遥感器的波段区间。前面已经有相关的论述，TM6 波段波长为 10.45～12.5μm。城市的下垫面主要由不透水面、植被、水体组成，按照覃志豪等的观点，可以通过式（8.18）来估计城市下垫面，混合像元的地表比辐射率为

$$\varepsilon=P_vR_v\varepsilon_v+（1-P_v）R_m\varepsilon_m+d\varepsilon \tag{8.18}$$

式中：P_v 为植被占混合像元的比例；ε_v 和 ε_s 分别为植物和裸土在 TM 6 波段内的

辐射率；R_m 为建筑表面的温度比率；ε_m 为建筑表面的比辐射率。其中用 ε_v=0.986，ε_m=0.970 来进行估计，地表相对平整情况下，一般取 $d\varepsilon$=0，地表高低相差较大情况下，$d\varepsilon$ 可根据植被的构成比例简单估计。

覃志豪等提出用如下公式估计植被、裸土和建筑表面的温度比率：

$$R_v=0.9332+0.0585P_v \tag{8.19}$$

$$R_s=0.9902+0.1068P_v \tag{8.20}$$

$$R_m=0.9886+0.1287P_v \tag{8.21}$$

P_v 按照下式进行求取：

$$P_v=[(\mathrm{NDVI}-\mathrm{NDVI}_s)/(\mathrm{NDVI}_v-\mathrm{NDVI}_s)]^2 \tag{8.22}$$

式中：NDVI_v 和 NDVI_s 分别为茂密植被和裸土的 NDVI。如果没有详细的区域植被和土壤光谱或图幅上没有明显的完全植被或裸土像元，则用 NDVI_v=0.70 和 NDVI_s =0.05 来进行植被覆盖度的近似估计。

4）地表温度反演公式[30]

从 ETM 影像 TM 6 波段的灰度图像上反演的地表亮温度与实际的 LST 是有一定区别的。上文提到的 τ_6、T_a、ε 等都是造成两者差异的原因。在 3）节中论述了各种大气参数的求取方法，则可用上述的这些参数结合单窗算法的计算公式推导实际的 LST（T_s）：

$$T_s=[a\times(1-C-D)+(b\times(1-C-D)+C+D)\times \mathrm{T}_{\mathrm{sensor}}-D\times T_a]/C \tag{8.23}$$

式中：T_s 单位为 K；a、b 为常量；C、D 是中间变量，分别用下式表示：

$$C=\varepsilon\tau \tag{8.24}$$

$$D=(1-\tau)\times[1+(1-\varepsilon)\tau] \tag{8.25}$$

4. 武汉市地表温度反演实例

本章主要截取由 2013 年 2 月 11 日成功发射 Landsat-8 卫星所拍摄的轨道号为 123/39、经纬度为 113.8366°E，30.3060°N 的影像图，数据来源为中国科学院计算机网络信息中心地理空间数据云平台[31]。该景区域基本覆盖了武汉市域的主要分布范围，包含了本书研究的核心区位内容。

夏季研究数据为 Landsat-8 卫星拍摄于 2016 年 7 月 23 日的一期影像数据(云量为 0.41%)，冬季研究数据为 2014 年 1 月 23 日拍摄的（云量为 19.72%）。

数据主要采用 Landsat-8 搭载的 OLI（operational land imager）陆地成像仪的 4 个波段，分别是绿光波段（对应第 3 波段，波长 0.53～0.59 μm）、红光波段（对应第 4 波段，波长 0.64～0.67 μm）、近红外波段（对应第 5 波段，波长 0.85～0.88 μm）、中红外波段（对应第 6 波段，波长 1.57～1.65 μm），空间分辨率均是 30 m；以及外传感器（thermal infrared sensor）的热红外波段（对应第 10 波段，波长 10.60～11.19 μm），空间分辨率为 100 m。查询该影像数据头文件，其数据产品分级为 L1T，发布时已使用地面控制点和数字高程模型进行几何精校。因此，仅对该类 Landsat-8 原始数据进行辐射定标和 FLAASH 大气校正预处理。

1）植被覆盖度及不透水面指数分析

植物叶面在红光波段有很强的吸收性，在近红外波段有很强的反射特性，通过对这两个波段的反射率进行线性或非线性组合，可以消除地物光谱产生的影响，得到的特征指数称为植被指数[32]。植被指数能够在一定程度上反映地表植被生长状况，常用的植被指数有：归一化植被指数（NDVI）、比值植被指数（RVI）、差分植被指数（DVI）、土壤调节植被指数（SAVI）和修正型土壤植被指数（MSAVI）等[33]。

利用遥感手段提取地表不透水面信息，可以较为直观地得到城市下垫面层的分类分布现状。利用遥感手段提取不透水面信息的方法有很多，通过复合波段的方式建立的归一化差值不透水面指数（normalized difference impervious surfure index，NDISI）模型，能够大区域范围内快速、自动地提取不透水面信息[34]。其计算原理是在多光谱波段内分别找出对不透水面辐射最强的波段和辐射最弱的波段，并将辐射弱者作为分子，强者作为分母求得，算式如下[34]：

$$\mathrm{NDISI}=\frac{\mathrm{TIR}-(\mathrm{MNDWI}+\mathrm{NIR}+\mathrm{MIRI})/3}{\mathrm{TIR}+(\mathrm{MNDWI}+\mathrm{NIR}+\mathrm{MIRI})/3} \tag{8.26}$$

式中：NIR、MIRI 和 TIR 分别为遥感影像的近红外波段、中红外波段和热红外波段的反射辐射值，分别对应 Landsat-8 的第 5 波段、第 6 波段和第 10 波段；这里还引入了另一个归一化差值指数即改进型归一化水体指数（modified normalized difference water index，MNDWI）来去除水体信息对不透水信息的影响[35]：

$$\mathrm{MNDWI}=\frac{\mathrm{Green}-\mathrm{MIRI}}{\mathrm{Green}+\mathrm{MIRI}} \tag{8.27}$$

式中：Green 为绿光波段，即为 Landsat-8 的第 3 波段。

NDISI 指数具有归一化指数的特征，其值介于-1～1，取 0 值为阈值，则大于 0 的为被增强的不透水信息，受抑制的其他地物信息小于或等于 0。

本书使用上述方法进行了武汉市的案例分析。图 8.6 为 2016 年 7 月 23 日的夏季武汉市域植被指数 NDVI 和不透水面指数 NDISI。通过卫星影像演算出夏季研究区域的 NDVI 和 NDISI 的均值分别为 0.1098 和 0.2200。

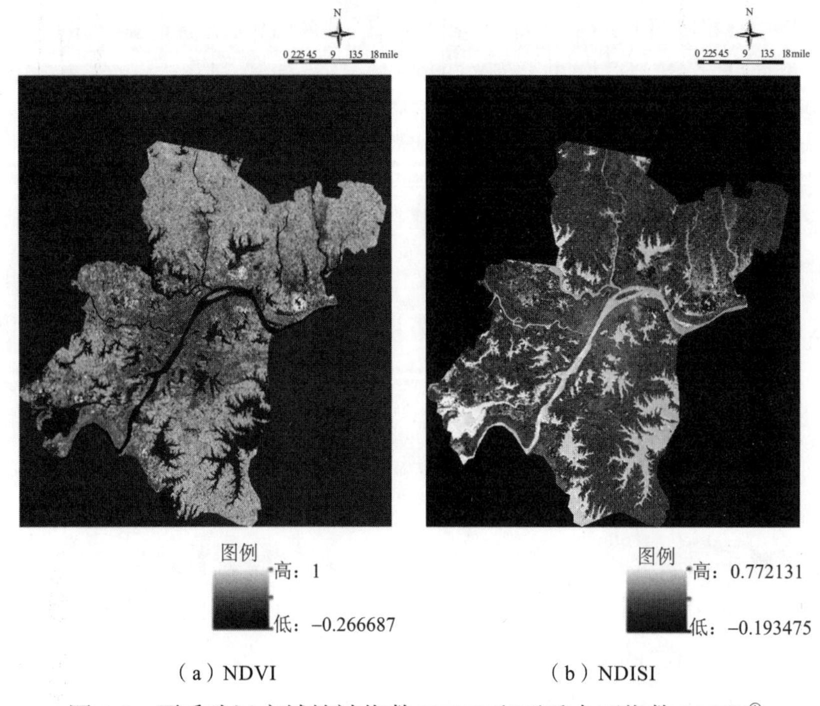

（a）NDVI （b）NDISI

图 8.6 夏季武汉市域植被指数 NDVI 和不透水面指数 NDISI[①]

通过该反演图像的冬夏两季对比可以看出，植被指数高的区域大部分分布在武汉市主城区以外的区域，而武汉主城区内部植被覆盖率高的位置有沿内陆湖泊和长江水系沿岸分布的趋势。而不透水面指数高的区域主要集中在武汉主城区内部，范围从中心向周边逐渐扩散。主城区内下垫面多为不透水面，植被覆盖率相对较低。这可能是与武汉作为河运口岸城市，其城市建成区和人口密集区的增长主要从长江沿线到内陆的发展趋势有关。长江水系的旱涝受季节影响较大，尤其是沿岸江滩地区受长江径流减小而产生部分暴露河床。且冬夏两季植物繁茂差异较大，植株冠层覆盖范围有明显的枯荣变化，因此植被指数 NDVI 均值差别较大，而不透水面指数 NDISI 两季相差不多。

2）地表温度反演及热环境空间格局

常见的地表温度反演算法主要有以下三种：大气校正法（也称为辐射传输

① 1 mile=1.609344 km。

方程，radiative transfer equation，RTE）、单通道算法（single-channel method）和分裂窗算法（split-window algorithm）[37]，其中大气校正法需要详细的大气剖面参数，在 NASA 提供的网站中[36]，输入成影时间及中心经纬度可以获取大气剖面参数[37]。这种算法比较适合于 Landsat TM 系列只有一个热红外波段的卫星影像。因此本节基于大气校正法利用 Landsat-8 TIRS 波段数据反演得到地表温度信息。

卫星传感器接收到的热红外辐射亮度值由三部分组成：大气向上辐射亮度；地面的真实辐射亮度经过大气层之后到达卫星传感器的能量；大气向下辐射到达地面后反射的能量[38]。根据卫星影像头文件介绍，卫星传感器接收到的热红外辐射亮度值的表达式（辐射传输方程）可写为[38]：

$$L_\lambda = [\varepsilon B(T_s) + (1-\varepsilon)L_\downarrow]\tau + L_\uparrow \tag{8.28}$$

式中：ε 为地表比辐射率；T_s 为地表温度，单位为 K；$B(T_s)$ 为黑体热辐射亮度；τ 为大气在热红外波段的透过率；温度为 T 的黑体在热红外波段的辐射亮度 $B(T_s)$ 为[37]：

$$B(T_s) = [L_\lambda - L_\uparrow - \tau(1-\varepsilon)L_\downarrow] / \tau\varepsilon \tag{8.29}$$

在 NASA 公布的网站[36]查询，夏季该景卫星影像的成影时间（2016-7-23 02：56）和中心经纬度（30.301°N，113.836°E），结合在中国气象科学数据共享服务网[39]提供的武汉市（基站编号：57494）实测地表相关参数的近似数据（2016-7-23 03：00）：气压为 1002.6 mb①；温度为 33.8℃ ；相对湿度为 58%。由此可得到本研究所用到的影像在 2016 年 7 月 23 日的大气剖面信息。

由于中国气象科学数据共享服务网[39]未能提供该卫星冬季拍摄时间段（2014-1-23）的历史气象数据查询，因此近似采用由 1991 年美国密歇根大学 Jeff Masters 开发的全球天气精准预报网 Weather Underground[40]提供该日的实时气象数据作为参考：2014 年 1 月 23 日的气压为 1022 mb ；温度为 5℃ ；相对湿度为 57%。同样在 NASA 公布的网站查询[36]：输入成影时间为 2014-1-23 02：57 和中心经纬度为（30.301°N，113.808°E），可得到 2014 年 1 月 23 日大气剖面信息为：大气在热红外波段的透过率 τ 为 0.93；大气向上辐射亮度 $L_\uparrow$ 为 0.42 W/（m^2 · sr · μm）；大气向下辐射亮度 $L_\downarrow$ 为 0.72W/（m^2 · sr · μm）。

T_s 可以用普朗克公式的函数获取，公式为[37]

$$T_s = K_2 / \ln\left[\frac{K_1}{B(T_s)} + 1\right] \tag{8.30}$$

① 1mb=100Pa，后同。

其中，对于 Landsat-8 TIRS 热红外波段 Band 10，K_1=774.89 W/（m^2 · sr · μm），K_2=1321.08K，可通过原始影像头文件查询。

ε 的估算比较常用的一种方法是对遥感影像处理后提取不同地表覆盖的物类信息。由于 TIRS 的热红外波段与 TM/ETM+6 热红外波段具有近似的波谱范围，可使用 Sobrino 提出的 NDVI 阈值法计算 ε [41]，计算公式为

$$\varepsilon = 0.004P_{\mathrm{v}} + 0.986 \tag{8.31}$$

式中：植被的比辐射率为 0.986；P_{v} 是植被覆盖度，其计算方法详见式（8.22）。

以上操作过程通过波段运算进行求解，最终按照计算式（8.29）和式（8.30）即可反演求得。

反演得到夏季研究区域范围的地表温度在 14.67～57.82℃，均值为 32.33℃，其结果与中国气象科学数据共享服务网公布的武汉基站当日 3：00 实测气温值 33.8℃较为接近，因此具有一定的可信度。冬季地表温度在−8.72～25.51℃，均值为 5.23℃，其结果与全球天气精准预报网 Weather Underground 公布的武汉当日 3：00 实测气温值 5℃较为接近，因此冬季反演结果也有一定的参考价值。

从图 8.7 可以得出：武汉城市热岛效应强度夏季明显高于冬季，这与城市热岛效应表现出城市中心气温高于郊区的热环境特征相一致。夏季高温区主要集中在主城区范围，而城区外零星的居住区及其他功能集聚区也产生个别高温据点，它们的分布区位与湖泊径流及道路交通情况有一定的交叉现象。

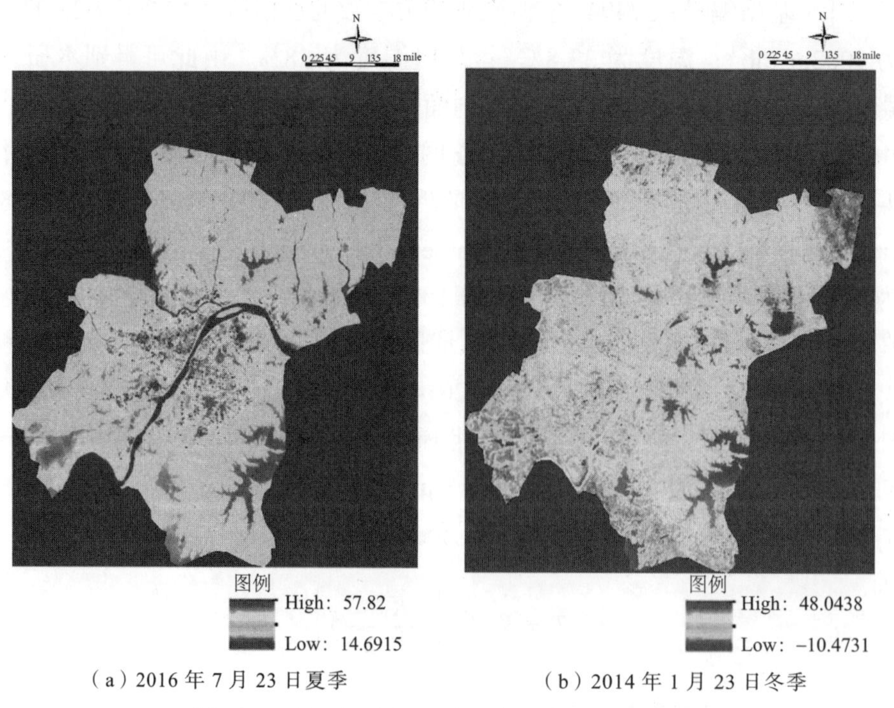

（a）2016 年 7 月 23 日夏季　　（b）2014 年 1 月 23 日冬季

图 8.7　武汉市夏冬两季反演地表温度分布图

长江北岸汉口地区是武汉主要的经济中心，居住人口稠密，土地利用率高，此处高温斑块比较碎杂且密集。而东北部青山区及西南方汉阳区高温斑块面积较大，可能与其作为主要的工业仓储用地而生产能耗较高有关。密集的高温城区中间夹杂存在一定面积的低温斑块，与武汉城区主要综合公园绿地的分布有较多重合，说明具有较大面域的综合公园类公共绿地对于区域空间热环境具有一定的调节作用。冬季受长江径流影响的低温区域范围较夏季明显扩大，而内陆湖泊水系对其周边的温度调控作用在夏季较为突出。

8.3.2　下垫面与城市热岛的关系

在进行下垫面与城市热岛关系的分析之前，首先需要进行下垫面的多种指数分析和分类。正如前面热场剖面做的分析，不同的下垫面对热环境的影响的贡献是不一样的，因此在进行下垫面研究时需要有研究区域的下垫面组成的用地分类图。另外，下垫面的各种指标和参数反映了下垫面的植被覆盖状况和土壤的热力性质。用这些参数图与地表温度反演图进行对比整合分析，可以更全面、更准确地得到下垫面特性与城市热环境的关系。

1. 下垫面指数研究

1）NDVI[19]

NDVI 是植被指数中非常重要的指数。在植被遥感中，NDVI 是植被生长状态及植被覆盖度的最佳指示因子，其应用最为广泛。它的计算就是近红外波段与可见光红波段数值之差与这两个波段的和的比值。

2）归一化建筑指数[42]

归一化建筑指数 NDBI 是在归一化植被指数的模式和理念下演化而来的参数指标，可以用来提取 ETM 遥感影像中的城市和建筑用地，其相关公式为

$$\mathrm{NDBI}=(\mathrm{MIR}-\mathrm{NIR})/(\mathrm{MIR}+\mathrm{NIR}) \tag{8.32}$$

式中：MIR 对应 ETM 影像第 5 波段的反射值；NIR 对应第 4 波段的反射值。

3）缨帽变换指数[25]

用缨帽变换提取 Greenness、Brightness 和 Wetness 三个分量。缨帽变换产生三个分量：亮度分量反映地物总体的反射值；绿度分量反映绿色生物量的特征；湿度分量反映对土壤湿度和植被湿度的敏感性。根据下面的方法作缨帽变换：

$$y_\lambda=a_{\lambda1}B_1+a_{\lambda2}B_2+a_{\lambda3}B_3+a_{\lambda4}B_4+a_{\lambda5}B_5+a_{\lambda7}B_7 \quad (8.33)$$

式中：y_λ为缨帽变换后的分量；$a_{\lambda i}$为缨帽变换指数；B_i为各波段的灰度值。

4）热岛强度指数[43]

热岛强度指数体现了热岛的程度和状态，其方程为

$$H_i=(\mathrm{BT}_i-\mathrm{BT}_{\min})/(\mathrm{BT}_{\max}-\mathrm{BT}_{\min}) \quad (8.34)$$

式中：H_i为热岛强度指数；BT_i为第 i 个温度区所对应的亮温；$\mathrm{BT}_{\min}$为最低温度区所对应的亮温；$\mathrm{BT}_{\max}$为最高温度区所对应的亮温。

5）土地覆被指数[44]

每种土地覆被类型的 NDVI 和 LST 都有各自的特征，构建土地覆被指数（LCI）来定量分析地表温度与土地覆被类型之间的关系[44]：

$$\mathrm{LCI}=(N^*)^2/T^* \quad (8.35)$$

$$N^*=(\mathrm{NDVI}-\mathrm{NDVI}_0)/(\mathrm{NDVI}_s-\mathrm{NDVI}_0) \quad (8.36)$$

$$T^*=(T-T_0)/(T_{\max}-T_0) \quad (8.37)$$

式中：N^*为标准化后的植被指数；T^*为标准化后的地表温度；NDVI_s为植被完全覆盖区域的 NDVI；NDVI_0为无植被覆盖区域的 NDVI；NDVI 为要标准化的植被指数；$T_{\max}$为区域的最高温度；T_0为最低温度；T为要标准化的温度。

这些参数的灰度图也是选择ETM遥感影像的相关各类波段进行波段运算求出的。波段运算的结果使反映特定特征的下垫面信息被强调显示出来。例如，植被指数突出反映了武汉市的地表植被的覆盖情况；归一化建筑指数则反映了该市建筑下垫面覆盖强度，等等。结合上述参数的灰度图与相应的地表温度图，则可以很好地反映不同的城市区域布局在热岛效应中的反映情况，从而使对城市热环境的相关研究更加完善。当然反映地表下垫面特征的参数很多，后文将根据需要介绍。

2. 城市下垫面分类提取

1）下垫面分类方法

遥感分类中最常用的分类方法有监督分类方法和非监督分类方法两种，其中监督分类又称训练分类法。分析者在图像上对每一类别分别选取一定的训练区，计算机计算每种训练样区的统计和其他信息，每个像元和训练样本作比较，

按照不同规则将其划分到和其最相似的样本类；非监督分类是在没有已知类别的训练数据及分类数的情况下，根据图像数据本身的结构和自然点群分布，由计算机自动总结出分类参数并进行归类[6]。

与非监督分类相比，训练场地的选择是监督分类的关键，训练场地要求有代表性，训练样本的选择要考虑地物光谱特征，样本数目要能满足分类的要求，判别函数有效，与非监督分类相比，监督分类有一定的优势[45]。本书主要是考虑 ETM 系列遥感影像进行信息解译和下垫面分类，将主要采用误差较小的最大似然法对 ETM 遥感影像进行监督分类[6]。

除监督分类外，本书还需要引入决策树的分类方法。在很多情况下，地表分类不能仅仅依靠一次的分类就可以获得较好的效果。一些性质有一定共性的地表状态需要用多个条件才能区分开来。决策树的分析方法就是按照逐层筛选的原则进行分类，它由一个根结点（root nodes）、一系列内部结点（internal nodes）（分支）及终极结点（terminal nodes）（叶）组成，地物可根据决策树逐级决策，最终得到详细的划分[46]。本书在下一节选取武汉市的各级密度城区的分区过程中，将应用到决策树的分析方法。

2）不同下垫面的提取

（1）不透水面提取。ETM 遥感影像中，不同波段记录的地物反射信息不同[47]：TM 1（TM/ETM 系列影像的第 1 波段，下文依次推理）对水体有较好的穿透能力，利于水底地貌的判读；TM 2 图像上易于区分植被的分布范围，水体的反射率较低；TM 3 可以用于植被和水域范围的确定；TM 4 植被反射率较高，且不同的植被有一定的差异；TM 5 含水量高的反射率低，城镇与水体、裸地等最易区分；TM 6 反映地物的自身热辐射信息；TM 7 记录的是地物短波红外的辐射信息，城镇与水田易区分。根据以上分析，可以按照不同波段和波段组合对城市中的各类下垫面进行提取。城市不透水面的提取较为复杂，需要借助 NDBI 等波段之间的模型运算方法，突出该下垫面的信息特征。

（2）植被提取。利用 ETM 遥感影像来提取植被信息，主要基于不同植被指数（vegetation index，VI）来提取，目前计算植被指数的方法很多，包括差值植被指数（VI）、比值植被指数（RVI）、NDVI 及缨穗变换的绿度指数（GVI）等，其中 NDVI 在对大区域尺度的植被分布和时相变化研究中应用较多。[47]

（3）水体提取。水体的特点在遥感影像上反映得比较明显，显示出水体对太阳辐射能量的吸收和反射较其他下垫面有明显的不同之处。在 ETM 遥感影像的各主要波段中，水体都显示出和其他下垫面结构信息的较大差异，因此在这些波段的灰度图上仅通过读图就能很明显地将其分辨出来。因此从 ETM 遥感影像中进行选择，挑选差异最明显的波段或是波段组合的灰度图做目标图，利用监督分类法进行较好的提取。

获得针对不同地物的城市分类图是不够的，因为这些图只能作为单一下垫面研究，如果要综合研究各种城市下垫面的组合状况和它们整体对热岛效应的影响就需要组成包含各类下垫面分布情况的分类图。通过前述方法所形成的各种单一下垫面或是部分下垫面综合的分类灰度图都是将不同的下垫面赋予某一个固定的像元整数值，因此可以分别将各种下垫面对应的像元值通过波段运算拉开相互的数值间隔，然后利用相应的计算方法和遥感处理软件，将各种下垫面通过不同的像元值叠加在一起，获得一张包含各种下垫面的分类像元值的影像图。具体的计算方法会在下一节的范例研究中具体阐述。

3）武汉市下垫面分类

以 2002 年 7 月 9 日的武汉市的 ETM 遥感影像作为研究基础，进行城市的下垫面分类，将城市的分类按照用地类型主要分为以下几种：城市不透水面、植被、水面等。其中城市不透水面在城市中主要反映为各类建筑用地，可将其分为高密度建筑用地、较高密度建筑用地、中密度建筑用地、低密度建筑用地。而水面（主要指比较单纯是水体的下垫面类型）在武汉市主要有江面、湖面两种类型。此外将耕地、滩涂等一些不太常见，但是在武汉市域中也有一定比例存在的用地类型，包括在其他用地类型当中。由此可以将城市划分为 8 个类型的用地。

可以利用监督分类直接在武汉市的 ETM 遥感影像上进行选取训练样区，然后使用最大似然分类等方法直接对所有类型进行分类，但是该方法分类的精度不高，因为不同的下垫面有不同的地表信息反映形式，只有使用前述的各种指标模型或波段组合作为基础，才能达到较为明显的分类信息，其自身在影像上的像元值范围才能和其他地物有较大差别。因此在同一幅影像上进行所有地物的总体分类，其效果一般较差，会出现较多漏选、错选的情况。所以应该按照前述各种地物的选取方法，分别选取合适的提取方式和波段运算方法，对武汉市的下垫面逐个进行提取。

（1）进行水体的提取。水体的提取适用的波段比较多。通过对遥感影像的识读，TM 4、TM 5、TM 7 等几个波段的水体与其他的地物区分较大。同时湖面、江面的 DN 也有各自的区间，因此可以较为方便地将它们区分开来。首先选择武汉市的江面、湖面的不同地段作为典型区域的训练区，然后把训练区作为感兴趣区进行存储，最后利用监督分类中的最大似然法，使用感兴趣区，提取出江面和湖面。提取出所需要的武汉市江面、湖面的分类后，会自动生成由不同像元值代表的分类图。其中相同的下垫面被整体赋予相同的灰度值，未被分类的地物暂时被统一赋予某像元值，可以把这些区域的像元值称为“其他”下垫面类型。在后续的分类操作中，该分类会逐步被其他下垫面的分类情况所代替。

（2）进行其他地物的分类。进行武汉市的城市建筑用地类型的提取。城市建筑用地范围是一个比较难提取的用地类型，需要综合多种提取方法，才可以将建筑用地提取出来。提取出来后还需要按照不同的建筑密度、容积率等，根据其在遥感影像上的特点将其分类提取。首先需要应用到 NDBI。它由 TM 4、TM 5 两个波段进行综合波段运算来获得。取得该图后，利用“逐像元显示”可以很方便地看到该图的具体 DN。经过图上的 DN 提取和观测，并进行筛选，而且将 DN 的反映情况与实际的武汉地区地物经验状况进行比较，找出其中能区别建筑区域和非建筑区域的建筑临界值。通过值可以将图像变成二元图像，以符不符合条件分别代表是否建筑用地，符合条件的 DN 为 1，不符合条件的 DN 为 0，由此可以得到建筑用地分类图。

（3）使用决策树支持的方法进行城市各级密度城区的用地分类。决策树的分析方法通过二元选择的方法对选取出的武汉市的建筑用地进行多层次的筛选，将其划分为多个次级分类。首先以前面获得的建筑用地分类图为基础，不同密度的城区其划分具有不同的数据来定义其范围值。结合实际地形图及市域地图，并参照对城市的了解，选择不同密度所需要的范围值，从而获得各级城区密度分类。其中高密度城区值为 1，较高密度城区的值为 3，中密度城区的值为 4，低密度城区的值为 5，其他的值为 2。

（4）关于植被的提取，主要依靠 NDVI 来实现。它可以用来反映一个地区的植被覆盖浓密状况。它主要由 TM 3、TM 4 的相互关系来实现。NDVI 的 DN 处于−1～1。不同的时像，地物的 NDVI 会出现差异，但是一般来说，水体的 NDVI 一般小于 0，建筑用地的 NDVI 也小于 0，而植被的 NDVI 一般大于 0，而且 NDVI 越大，所代表的植被茂密程度越好。根据这个特点，可以将植被指数图转化为如同上述情况的二元图。在这张图上，植被的值为 1，其他的值为 0。

在得到上述的分类图以后，下一步需要考虑将上述完成的各类型分类图综合叠加起来，成为一张完整的分类图像。叠加的方法需要运用到波段运算。由于现在每个分类都有一个定值，需要应用波段计算，将这些不同的值组合起来。例如，首先将植被指数图与江、湖面的水系分类图进行叠加。在波段运算中将城区提取的不同密度的分类图也覆盖进来，形成不同 DN 的城市分类影像。此时还是传统的灰度图，但是再利用监督分类进行数字化分类提取就比较方便，因为此时同类型的下垫面的 DN 是相同的，便于选择训练样区。在每个分类中的不同地段选择训练样区，以作为分类依据。此时再进行最大似然法的监督分类完成分类图的制作（图 8.8）。

图 8.8　城市分类图

3. 下垫面与城市热岛的关系

1）城市公共绿地对其周边热环境的影响

首先，对城市公共绿地热环境影响因子进行分析。目前，已经有很多学者通过反演地表温度来探究影响城市热环境因子之间的定量或定性关系。王勇等在 RS 和 GIS 技术支持下，以 Landsat ETM+为数据源，综合运用遥感热红外影像的地温反演、空间聚集性分析及多元线性回归分析等技术，提取了青岛市城市热岛与绿地空间格局，并定量分析了绿地格局与城市热岛效应的相关性[48]。王素伟等以 QuickBird 卫星影像数据为基础数据源，结合 RS、GIS 技术，采用计算机监督分类结合目视解译获取城市绿地类型信息的方法，调查北碚城区绿地状况，并利用模糊评判模型对北碚城区不同类型绿地的生态效益进行评分[49]。Liu 等利用 Landsat-5 卫星获取遥感影像数据反演地表温度，依据不同的土地覆盖类型结合 ArcGIS 进行专题制图，探索南京城市热环境效应和分布特征，结果表明城市建设用地及土地覆盖斑块数目对于地表温度具有显著正相关，而耕地、森林、水体和湿地具有显著负相关[50]。Ronald 等利用 Landsat-8 OLI/TIRS 数据结合多种地理空间数据处理方法，包括城乡梯度、多分辨率网格、空间度量技术等，以泰国曼谷、雅加达（印度尼西亚首都）和菲律宾的马尼拉麻为例，探讨地表温度、不透水面的数量和空间格局及绿地之间的关系[51]。

常见的有利用影像本身的统计特征及自然点群的分布情况来划分地物类别

得出各类绿地信息[52]，或者利用栅格重采样将推导值赋予输出图像中每个像元来对样本区进行数据提取[53]。但此类基于光谱信息特征和空间信息特征通过目视判读或实地调查确定类别属性的遥感影像分类采样方法，具有一定的模糊性和主观性。因此，本书借鉴前人的研究方法，在上文中已经采用指数法提取了植被指数 NDVI、不透水面指数 NDISI，通过大气校正法反演了地表温度，并分析了武汉地区热岛效应的空间分布特征。在此基础上利用 2015 年武汉市域矢量数据（数据来源由北京揽宇方圆信息技术有限公司发布），根据《武汉市主城区绿地系统规划（2011-2020 年）》的分类方法，本书提取研究区域的公园绿地斑块样本案例共计 183 个，涵括了 7 类武汉市常见的城市公园绿地类型（G12 社区公园、G14 带状公园、G15 街旁绿地除外），包括 G111 全市性公园 44 个、G112 区域性公园 84 个、G131 儿童公园 2 个、G132 动物园 11 个、G133 植物园 2 个、G135 风景名胜公园 26 个、G137 其他专类公园 14 个。

利用 ArcGIS 软件集成的区域分析工具提取统计每一个样区的占地面积（A）（不包含水域面积）、斑块周长（P）、形状指数（周长面积比）（SI）[54]、植被覆盖指数均值（FVC_MEAN）、不透水面指数均值（NDVI_MEAN）、植被覆盖率均值（NDISI_MEAN）、反演地表温度均值（T_s_MEAN）。并采用 IBM 公司统计软件 SPSS 20.0 对数据进行相关性分析，目的在于利用统计学原理分析绿地斑块的地形地貌、空间形态、植物配比和下垫面材质等建筑、景观、规划相关要素与地表温度的相关性及其影响强度，试图解释影响城市公共绿地空间热环境的主要设计因子[55]。

根据表 8.1 的统计结果分析得知，夏季武汉地区公共绿地斑块面积与地表温度的皮尔逊相关系数为−0.284，在 0.01 级别相关性显著，说明面积与绿地区域地表温度之间存在明显的负相关关系，当绿地斑块面积越大时，其地表温度均值越低。这可能与面积较大的城市绿地受用地周边建筑、街道等围合的局部微气候影响作用较小，建（构）筑物对区域气流的阻碍及对空间辐射热的消极影响均被城市绿地所消化。植被指数 NDVI 和不透水面指数 NDISI 与地表温度的皮尔逊相关系数为分别为 0.351 和−0.450，两者之间不相关的双侧检验值均为 0.000，说明城市绿地的植被覆盖、下垫面层与地表温度之间存在显著的相关关系，即在城市绿地斑块面积一定的情况下，增大植株覆盖面积比例、减少不透水地面面积比例，对于降低地表温度有积极的影响效果。

表 8.1 武汉夏季绿地面积、NDVI、NDISI 和地表温度之间的相关性

				AREA	NDVI_MEAN	NDISI_MEAN	FVC_MEAN	T_s_MEAN
AREA	皮尔逊相关性			1.000	0.041	−0.007	0.052	−0.284**
	显著性（双尾）				0.579	0.930	0.488	0.000
	个案数			182	182	182	182	182
	自助抽样	偏差		0.000	−0.011	0.011	−0.009	−0.025
		标准误差		0.000	0.092	0.080	0.081	0.072
		95% 置信区间	下限	1.000	−0.184	−0.119	−0.146	−0.470
			上限	1.000	0.178	0.189	0.174	−0.195
NDVI_MEAN	皮尔逊相关性			0.041	1.000	−0.843**	0.963**	0.351**
	显著性（双尾）			0.579		0.000	0.000	0.000
	个案数			182	182	182	182	182
	自助抽样	偏差		−0.011	0.000	0.003	0.000	−0.010
		标准误差		0.092	0.000	0.029	0.004	0.105
		95% 置信区间	下限	−0.184	1.000	−0.891	0.955	0.112
			上限	0.178	1.000	−0.774	0.972	0.529
NDISI_MEAN	皮尔逊相关性			−0.007	−0.843**	1.000	−0.712**	−0.450**
	显著性（双尾）			0.930	0.000		0.000	0.000
	个案数			182	182	182	182	182
	自助抽样	偏差		0.011	0.003	0.000	0.003	0.006
		标准误差		0.080	0.029	0.000	0.047	0.086
		95% 置信区间	下限	−0.119	−0.891	1.000	−0.797	−0.589
			上限	0.189	−0.774	1.000	−0.601	−0.254
FVC_MEAN	皮尔逊相关性			0.052	0.963**	−0.712**	1.000	0.225**
	显著性（双尾）			0.488	0.000	0.000		0.002
	个案数			182	182	182	182	182
	自助抽样	偏差		−0.009	0.000	0.003	0.000	−0.007
		标准误差		0.081	0.004	0.047	0.000	0.108
		95% 置信区间	下限	−0.146	0.955	−0.797	1.000	−0.009
			上限	0.174	0.972	−0.601	1.000	0.423
T_s_MEAN	皮尔逊相关性			−0.284**	0.351**	−0.450**	0.225**	1.000
	显著性（双尾）			0.000	0.000	0.000	0.002	
	个案数			182	182	182	182	182
	自助抽样	偏差		−0.025	−0.010	0.006	−0.007	0.000
		标准误差		0.072	0.105	0.086	0.108	0.000
		95% 置信区间	下限	−0.470	0.112	−0.589	−0.009	1.000
			上限	−0.195	0.529	−0.254	0.423	1.000

**在 0.01 级别（双尾），相关性显著

注：除非另行说明，否则自助抽样结果基于 1000 个自助抽样样本

其次，分析绿地对城市空间热环境的影响距离。通过反演地表温度获得案例区域的等温线分布图，其疏密排列等图像规律在一定程度上可以反映该处城市空间热环境的现状情况，而城市绿地斑块对周边环境产生的热力效应和影响范围可以通过其周围围合等温线的变化规律来进行表述。贾刘强等以成都市 Landsat ETM+为数据源，综合应用遥感图像处理、数理统计和地理图像信息模型方法，采取等温线斜率变点法定量研究绿地斑块对其对周边温度的影响范围及降温程度之间的关系，并提出绿地斑块的降温地理图像信息模型[56]。栾庆祖等利用遥感技术和地理信息技术，基于空间统计分析方法和等温线周长-温度曲线变点方法确定了城市绿地对周围建筑物热环境的影响范围，发现 0.5 km^2 以上的绿地斑块，对周边 100 m 范围内建筑物具有明显降温效应，其幅度在 0.46～0.83 ℃[57]。绿色斑块对外围环境的温度改善作用是逐步降低的，是一个连续变化的范围。为了研究方便，每隔一定距离绘制等温线，当相邻等温线的温度变化比较小时，可以认为此时绿色斑块的降温作用已经不显著了，即为绿色斑块的热环境改善边界，适用于单个独立绿地斑块案例的分析。

本节选取汉口中山公园作为武汉市公共绿地代表性研究案例。该公园位于汉口解放大道中段，是武汉市历史最久、规模最大、知名度最高的具有休闲、娱乐、教育、生态意义的全市性综合公园[58]。图 8.9 和图 8.10 分别为冬夏两季利用反演地表温度数据提取的中山公园，温差每 0.1℃间隔控制的等温线图。

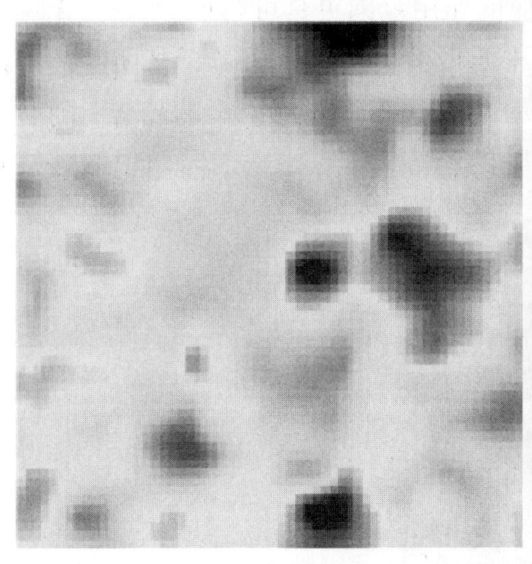

（a）反演地表温度图

（b）等温线分布图

图 8.9　冬季中山公园片区反演地表温度及等温线分布图

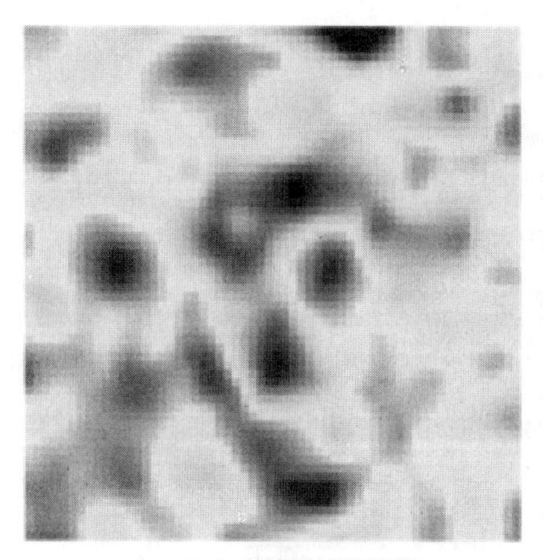

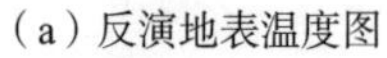

（a）反演地表温度图　　（b）等温线分布图

图 8.10　夏季中山公园片区反演地表温度及等温线分布图

通过冬夏两季反演地表温度图像可以得出，中山公园在南北方向上存在两个对周边环境热力调节作用较为明显的绿地斑块，其位置分别对应前区园林景观区和后区林荫游乐区。武汉冬季室外环境气温较低，中山公园园内等温线分布稀疏，说明园内整体的温度场环境较为稳定且各区温度差值不大。但园外周边非绿地类型的城市用地存在多个温差变化密集的等温线涡旋：主要是东部的湖北省新华路体育场和面积较大的商业居住区域，其中心温度较高且等温线间距小。冬季等温线并不是以绿地为中心由内至外的有规律的闭合分布，而是复杂的向外发散的曲线。因此以武汉市中山公园绿地斑块夏季地表温度为例，研究城市绿地斑块对周边环境产生降温效应的作用范围更具可行性。

夏季中山公园绿地斑块周围由绿地中心发散依次分布了若干条闭合的等温线，如图 8.11 所示，反映了该绿地斑块对周边地表热环境的影响趋势：随着等温线周长的不断扩大，地表温度出现下降的趋势，这是中山公园两块绿地核心

图例
—— 闭合等温线分布
中山公园绿斑区
10m缓冲区

图 8.11　等温线与缓冲区叠加图

区之间交互导致作用叠加；在等温线周长继续增长，地表温度逐渐升高，即中山公园整体园区绿地的对外降温效应也逐渐减弱，直至周围地表温度趋于一致。

运用 SPSS 对数据添加总计拟合线，其决定系数 R^2为 0.296；并将两斜率变点的位置对应到等温线分布图中，其曲线反映的降温范围与绿地斑块周边等温线分布规律的解释基本一致：对应等温线长 3762 m 处，温度为 40.9 ℃在绿地边缘，为该绿地对周围地物热环境产生影响的起始位置；第二处斜率变点对应等温线周长 4427 m 处，温度为 42.1 ℃，对应该绿地斑块降温影响临界值，即从该等温线向外地表温度变化不再显著。研究表明夏季中山公园绿地斑块的影响范围约为 100 m。

2）城市水体与热岛环境关系

上一节已经介绍了城市公园等植被较好的区域对改善城市热环境所起的作用，而水体对热环境的调节作用也不能忽视。武汉市是一个典型的滨水城市，城市中的水体对城市环境资源的系统性、热环境的调节能力有着重要的影响。因此通过分析水体及其周边的热环境状况可以很好地了解城市与水体的联系机制。

观察由遥感影像获得的城市的地表温度分布图，发现其像元温度值分布在一个比较宽的范围，因此选取某段较为集中的地表温度段作为研究对象，可以更好地集中反映问题。在上述研究中，主要是选取 34～70℃的范围作为城市主要热环境的研究对象，因为城市热岛相关的下垫面温度值大多集中在这个范围。现在主要选取 22～34℃的范围进行着重分析，因为这个区间的范围涵盖了主要水域、植被的温度分布和其对周围影响的情况。通过分析这个区间，可以得到如图 8.12 所示的区间分类温度图。通过这张图可对武汉市城市水体和城市滨水区的情况有详细的认识。

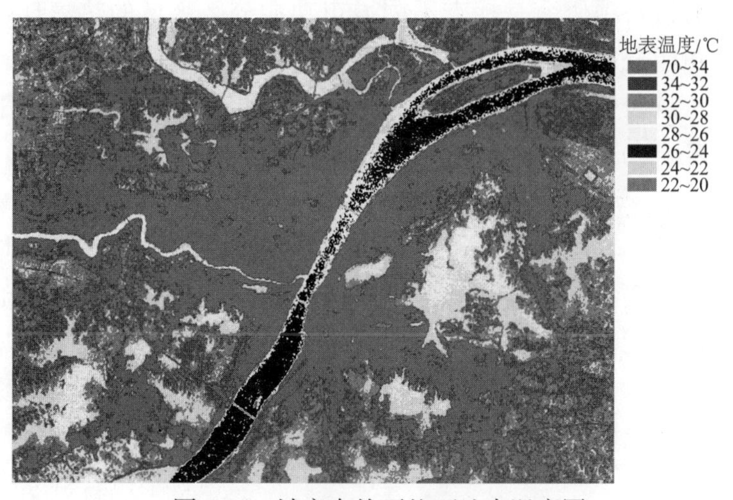

图 8.12　城市自然下垫面地表温度图

第一，从图 8.12 来看，地表温度从低到高依次为长江、汉江等小型江体东湖等大型湖泊、较小的湖泊类似湿地的湖边绿地、绿地、城市不透水面。

第二，城市对水体有着重要影响。在影像中看到长江段温度在远离城市的流域段温度在 24 ～26℃，而在经过城市密集区的流域段，地表温度有 1～2℃的升高。像汉江等相对来说较小的河流，温度都要比长江高 2℃左右。大部分湖泊温度在 28～30℃。湖泊面积越大，低温区面积就越大，像东湖相当大一部分地区温度就在 26～28℃。可见水面面积越大，相互间联系越紧密就越能抵御城市的高温。

第三，水面和城市不透水下垫面之间都有一定大小的缓冲区。该缓冲区由植被或湿地组成，温度在 30～34℃。该缓冲区建筑密度低、通风顺畅，可以将水面的较低温度的空气传入城市密集区，应该好好保护。

第四，从图上看到，东湖与严西湖距离较近，因此相互的类湿地区域有重叠，构成了一个面积较大、温度较低的城市低温区。该区对周边城区的影响较大，效果较好。由此可见，整合城市中的大小湖泊成为一个整体有抵抗高温的作用。

第五，城市内部低温区太少，面积小，而且破碎程度很高。从图 8.13 可以看到，除一些大型的湖泊和江体，城市中缺乏大体块的绿地、森林。尤其是汉口城区，几乎完全是高温的不透水面，只有零星的小斑点作为低温区，是城市的公园。由于面积太小，作用没有完全发挥出来。

从这些研究可以看到，城市各类水体未得到有效保护和利用，而且未能形成整体而对城市产生较好的影响作用。

3）典型下垫面区域分析

此外进行的另一项研究是探查不同城市功能分区区域的热岛环境状况。从城市最常见的功能分区中，分别挑选出典型的区域，选取为研究区，在遥感影像中进行局部重点研究，获得区域各类指标，以此得出这些区域的下垫面对热环境的作用（表 8.2）。

从表 8.2 上看，华中科技大学、华中师范大学是归一化植被指数较高、温度较低的区域，温度一般在 40℃以下；武汉经济技术开发区处于热环境较好的地带，具有较好的发展空间；新式的住宅小区植被覆盖良好，温度较低，而老式住宅区和工厂住宅区温度很高；最热的地方依旧是汉正街、武汉重型机床厂等地区，显示密集商业区、工厂等功能分区热环境状态较差；洪山广场可以看作单纯的空旷广场并不具备低温排热的功能。

表 8.2 区域情况分析

区域	汉正街商业区	解放公园	华中科技大学	洪山广场	华中师范大学	首义公园
LST	44.260256	38.449159	37.302824	42.403779	37.469266	38.046742
NDVI	−0.064955	−0.141342	0.000697	−0.257434	−0.084126	0.030437
区域	东亭住宅区	武重宿舍	武汉重型机床厂	东西湖	武汉经济技术开发区	胜利街老城区
LST	40.750233	41.509289	42.00932	39.004652	38.593665	44.100163
NDVI	−0.124269	−0.170601	−0.219414	−0.082768	−0.141847	−0.287799

8.3.3 不同时空关系下的城市热环境分析

1. 不同时间段的城市热环境对比研究

前面已分析了武汉市在 2002 年夏季的热岛状况，为了反映城市发展对城市热环境的影响，本节主要选取 1991 年 7 月 19 日的 TM 影像①作为研究对象。分析当时的城市热岛效应，并与 2002 年的情况进行对比。遗憾的是，1991 年时不存在精度更高的 ETM 影像，而且所获得的 TM 影像的第 6 波段，出现了斜线噪声。由于获取数据的难度，只能根据所获得资料进行研究。上节所进行的部分研究可能无法进行。

和 2002 年的武汉市相比，1991 年的武汉市市域面积要小得多，像东西湖、汉阳经济技术开发区、光谷产业区等城市新工业区在当时还是市郊的植被覆盖区。城市中的建筑密度也要小得多，而相反地，城市的植被覆盖度及 NDVI 则要大得多。以现在武汉市的二环市域范围来说，在 1991 年的 7 月 19 日，该区域的 NDVI 最小值为−0.540984，最大值为 0.699346，平均值为 0.046415，而 2002 年的 7 月 9 日，该区域的 NDVI 最小值为−0.963636，最大值为 0.640351，平均值为−0.168863。可见 1991 年的城市绿化较为良好。为了便于对比分析，选取了 16 个典型区域作为探测点，利用遥感软件将 1991 年和 2002 年的遥感影像进行重采样，统一分辨率和图幅大小。根据地物的经纬度，利用锁定功能，找出所需要研究的地物位置，利用影像链接功能同时获取两个时期的研究地物的 NDVI 和 LST，从而获得表 8.3 的数据。需要说明的是，部分地物在 1991 年并不存在，或是另有其他下垫面，因此探测点主要是表示一个地域的范围而不是具体的地物。

① 数据来自 Global Land Cover Facility of University of Maryland:http://glcf. umiacs. umd.edu/data/.

表 8.3 地物探测点对比情况

探测点	1991 年 LST	1991 年 NDVI	2002 年 LST	2002 年 NDVI
汉正街	33.873688	−0.100000	45.816256	−0.350427
解放公园	26.135040	0.348837	32.089508	0.204301
中山公园	28.264862	0.161290	35.433502	0.159664
武钢冷轧厂	36.295788	−0.090909	55.130981	−0.250000
武昌火车站	33.845154	−0.111111	45.852692	−0.341772
鲁巷光谷广场	30.487366	0.257732	41.77420	−0.244186
徐东广场	28.991302	0.207547	43.166731	−0.101604
武汉广场	33.254120	0.080460	38.343536	−0.320388
文华里	33.091064	−0.090909	46.032379	−0.302632
吉庆街	32.419464	0.111111	42.206299	−0.314286
龟山电视塔	26.043304	0.379310	33.854095	0.146853
琴台路	29.112122	−0.045455	35.436462	−0.270073
鹦鹉洲	34.666840	−0.103448	47.785339	−0.251613
东风冲压件公司	25.841400	0.452991	54.780640	−0.312977
华中科技大学（校内）	27.517944	0.431818	40.284821	−0.008000
武汉重型机床厂	34.070038	0.052632	44.867493	−0.045455

根据气象资料显示，1991 年 7 月 14 日的气温是 33.9℃，湿度是 70%，而 2002 年 7 月 19 日的温度是 29.2℃，湿度是 56%[①]。可见两天的气候条件具有可比性。而根据上述地物探测点的对照表（图 8.13、图 8.14）分析，可以得到以下结论。

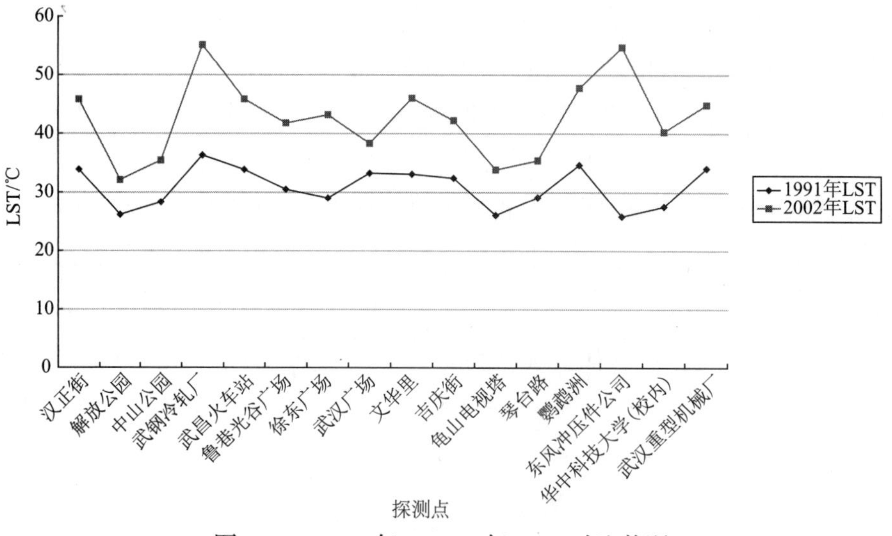

图 8.13 1991 年、2002 年 LST 对比状况

① 气象资料来自中国气象科学数据共享服务网:http://cdc.cma.gov.cn/

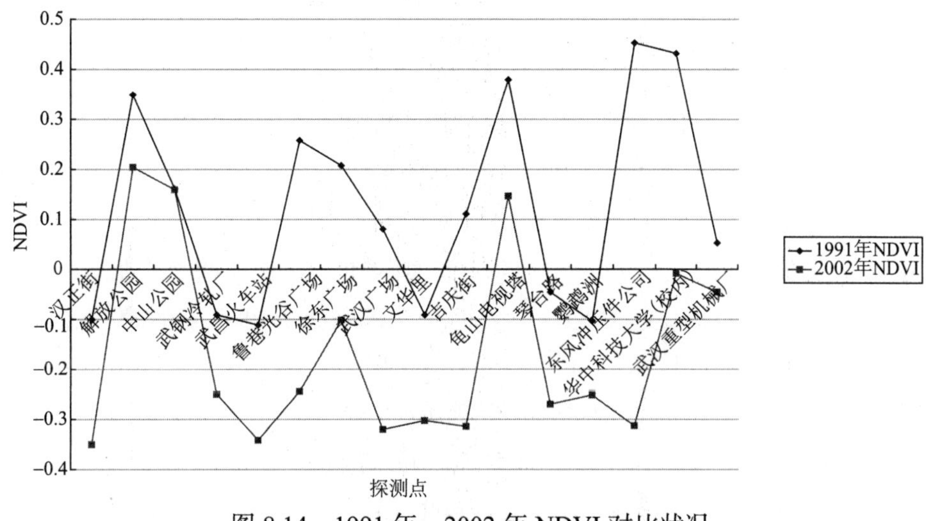

图 8.14　1991 年、2002 年 NDVI 对比状况

（1）1991 年武汉市植被状况要好于 2002 年武汉市植被状况。各探测点 1991 年的 NDVI 都要高于 2002 年的 NDVI。而且 NDVI 大于 0（属于有植被覆盖的区域）的探测点 1991 年也较多。相应的，1991 年各探测点的 LST 都较低。但是从总体看，1991 年城市热环境的大致趋势和 2002 年的情况还是比较一致的。几个 2002 年城市热岛效应最明显的区域在 1991 年也是城市地表温度最高的区域。在 1991 年，对热岛效应贡献由大到小依次是工厂、汉正街等老城区的商业街和居住区、武昌火车站等交通建筑、武汉广场等大型商业建筑、学校等建筑密度较小的行政建筑、解放公园、中山公园等植被较多的城市公共绿地和公共公园。

（2）1991 年时各探测点的地表温度都在 33℃左右，由于气象台提供的当日气温是根据位于城市近郊的气象采集点测到的数值，在热岛效应明显的城市，气象台的数据要比城市中实际的温度低。而根据前述探测点的情况可以看出，1991 年的武汉市存在热岛现象，但城市内部和城市外部的温度差距并不明显。城市热环境较为舒适，城市中也较少有温度特别高的地区。

（3）城市中的部分老城区，长久以来形成的对气候的适应性，虽然建筑密度相当高，但是区域内部的道路迎合武汉市的主导风向，通风排热效果好，具有较好的区域气候适应性，所以本身的温度都不高。但是到了 2002 年以后，从卫星影像上看到城市中建筑密度极大增强，中心城区的容积率非常高，老城区周边的新建的高楼大厦挡住了它们的通风廊道。加之本身建筑密集，一些区域还进行了重新改造，改变了原有老城区的下垫面机理，因此现在的部分老城区成了城市的高温热岛“核心”区，地表温度都在 45℃以上。而相对集中的老城区由于面积较大、整体性好、也未进行大幅度改造，地表温度在 42℃左右，在城市整体热环境状况中属于中等水平。所以在提高老城区生活水平的同时，尽量保护老城的通风系统结构，并将武汉市老城区中的“长街短巷”等适应气候的规划布局方式广泛应用。

（4）城市绿地是城市中温度较低的区域，是调节城市温度的主要手段。可以看到在 1991 年，城市的公园如解放公园、龟山电视塔等温度都在 30℃以下，而且植被覆盖度很高，解放公园归一化植被指数为 0.35，龟山电视塔的植被指数是 0.37。但是在 2002 年，解放公园的植被指数只为 0.20，龟山电视塔的植被指数更是下降到了 0.15，只为原来的一半还不到。同时这两个公园的地表温度也分别上升到 32.09℃和 33.85℃。虽然两个公园依然是城市中的较低温度水平，但是调温作用已经大大降低。正是城市中的植被覆盖面积大大减少，植被指数不断降低，造成城市依靠绿地的调节热环境的能力大为减弱。因此保护植被，强制在城市内部保持一定比例的植被是非常重要的。

（5）城市的大规模建设也是城市发展的必然和需要，但是需要注意环境的要求对城市建设有一定的限制。城市的建设不能一味地扩大，而应根据各城市区域的原有开发等级、自然环境现状、各种城市下垫面分布等确定城区可持续发展与建设的能力和强度。在图 8.13 和图 8.14 看到 1991～2002 年，汉正街归一化植被指数从–0.1 下降到–0.35，温度从 33.87℃升到 45.82℃。目前该城区已经成为城市中建筑密度最高的区域，所以通风不畅、污染较为严重，夏季温度很高。因此，城市规划中应该引以为鉴，在城区的开发过程中，应尽量保持建筑密度与植被覆盖度在一个合适的范围。

（6）城市很多未开发的区域，以植被覆盖为主，建筑密度较小，温度情况较好。新建大型建筑或城市广场后，破坏了该区域的城市微气候，该区域成为热岛效应强烈的地区。鲁巷光谷广场 1991 年还处于市区和市郊的节点，以植被覆盖为主，植被指数为 0.26，地表温度为 30.49℃，而到了 2002 年，鲁巷光谷广场已开发成交通节点，并建立了大型的商业建筑，植被指数降到–0.24，地表温度升到 41.77℃。城市建筑密度增加，兴建大型建筑群，如果不考虑保护原有的植被，则会产生地表温度飙升的现象。

（7）城市建筑密度、植被覆盖度的大小影响热岛效应的强烈程度。在中山公园代表植被覆盖度的 NDVI 1991 年为 0.16，2002 年为 0.159，植被覆盖并没有发生大的变化，但是温度从 28.26℃上升到 35.43℃。可见即使 NDVI 一致，温度也会升高。这表明城市的温度场是一个整体，周围的下垫面变化产生温度升高的现象，区域本身即便没有变化，温度也会升高。因此只是保护好城市中几个大的绿化公园对缓解城市热岛效应是不足够的。

2. 夏热冬冷典型城市的城市热环境对比研究

夏热冬冷城市基本位于我国的腹地，前面已经介绍具有气候环境冷热分明的特点。而且这些城市，很多都是人口较多的大中型城市，毗邻长江，又有一些中小型江体和湖面（如东湖、洞庭湖等）作为补充，水力资源丰富。而且其他生态资源也比较多，城市面积较大。为了使研究更全面，挑选了非常典型的城市上海市，利用其遥感影像，采用上述相同的一些方法反演城市的热场温度及植被覆盖状况，并与已获得的武汉市的相关影像数据对比，探讨前述分析是否有共性，另外也探查符合整个区域热环境状况的规划分析。当然，限于篇幅和研究精力，主要选取城市亮温来进行对比分析。城市亮温度并不是真实的城市温度，但如果不是进行精确定量的热岛环境分析，也可以用来进行城市热环境的趋势分析[26]。城市真实温度的反演参数多，运算复杂，在研究中并不一定需要。

上海市处于长江出海口，位于夏热冬冷地域的最东部，也是该气候条件下的典型城市。为了避免一些干扰，主要分析该城市主要城区的环境状况。经过遥感图像的重采样、初处理、波段叠加、波段运算等过程，可以得到城市的亮温状况图。根据该图可以得到鉴于中心城区的热环境指标。根据这些数据资料，可以得到关于该城市的热环境特点分析。

（1）城市沿江的地带总是城市热岛条带最明显的地方，很明显，上海市夏季炎热的气候使环境优良的滨江区域（包括长江、黄浦江）成为开发的重点，此外长江航运等优势也使滨江区域成为城市经济的重点开发地带，滨江区域成了该城市中建筑密度最高、人口最为密集的区域之一。这显然需要加强规划调控，限制一定的容积率。

（2）首先，城市的工厂区域是城市热岛效应最强的，其次是比较密集的商业区和居住区，最后是一般密度的城区，植被对热岛效应有缓解作用。植被覆盖越多的城市，热岛效应越弱。

（3）城市中如有各种生态资源较为整体，面积较大的区域，热岛效应都比较低。

由此可见，武汉市和上海市都具有类似的热环境结构和分布，所进行的热环境分析具有普遍性。

8.3.4 基于遥感技术的蒸散计算及其与热环境关系

1. 蒸散计算

城市热环境的研究以热岛效应的相关问题为主，而地表温度是热岛效应研究的核心。而之所以进行蒸散研究，是因为在城市中，气候适应性比较好，热环境适宜的多为城市中的绿地、水体等生态资源下垫面的集中区域。这些生态资源依靠蒸散作用，从周围热场吸收大量的热量，并带动空气流动，形成良好的空气运行排热环境，是改善城市热环境的重要组成部分。这在本书中需要深入探讨这种作用，分析其在减弱城市热岛效应方面的影响，看各种自然下垫面对热环境起到了哪些有益的作用，等等。

城市蒸散的情况主要应用 SEBAL（surface energy balance algorithm for land）模型进行研究[59]，原因为：一是各类气象资料比较难于获得，而 SEBAL 模型对获取数据的种类要求不高，只需要基本的气象数据参数；二是 ETM 卫星影像数据是较为合适的 SEBAL 模型可以应用的卫星影像，精度较高，这与地表温度研究所选用的卫星影像一致；三是 SEBAL 模型的求解过程需要较多的过程参数，而这些参数又可以为后续研究提供参数支持。

SEBAL 模型是由荷兰 Water-watch 公司的 Bastinnassen 开发的基于遥感的陆面能量平衡模型，用于估算陆地复杂表面的蒸发蒸腾量，其主要输入数据为极轨卫星的可见光、近红外和热红外数据，此外还需要气象数据，如气温、太阳辐射、湿度、风速等[7]。该模型的精度相对较高，比较适合本书所进行的城市环境的分析，尤其是可以辅助热岛效应的相关分析，了解城市植被在改善城市热舒适度方面的有效作用。

2. SEBAL 模型基本原理

太阳辐射是地表能量交换的基础，当辐射能量经过大气衰减到达地表后，其能量主要被用于加热空气与土壤，以及促进水分蒸发，SEBAL 模型就是利用了地表能量平衡原理来计算蒸腾量[60~61]。其表达式如下[62]：

$$\mathrm{LE} = R_{\mathrm{n}} - G - H \tag{8.38}$$

式中：LE 为潜热通量；R_{n} 为地表净辐射通量（net surface radiation flux，单位为 $\mathrm{W/m^2}$），G 为土壤热通量；H 为显热通量；SEBAL 模型依据式（8.39）求出瞬时 ET 值，并就此可以计算出日蒸散和月蒸散。

根据上述原理，SEBAL 模型将按照一定的步骤进行分析计算，得出蒸散量的值，其中求取的相关中间变量有：ETM 影像第 1～7 波段的辐射强度及光谱反射率、大气外反照率、地表反照率、NDVI 等植被指数、地表比辐射率、地表亮温、入射长波辐射、反射的地表长波辐射、地表净辐射、地表净辐射通量等，而地表比辐射、地面粗糙度长度等中间变量将在后续的 CFD 技术研究中用到[59,72,73]。最后地表瞬时蒸散量为[62,64]

$$E_{\mathrm{inst}} = 3600 \frac{\mathrm{LE}}{\lambda} \tag{8.39}$$

式中：E_{inst} 为瞬时蒸散值，单位为 mm/h；3600 为秒到小时的时间转换；λ 为一个单位的水蒸发所需的潜热或是吸收的热量，等于 $2.49 \times 10^6\ \mathrm{J \cdot mm/m^2}$。

SEBAL 模型还可以在此基础上求取更长时间的蒸散情况[60]。但是本书主要针对相关卫星过境时的情况，因此就不进行进一步的研究。

图 8.15　地表蒸散图

3. 蒸散与地表温度的关系分析

蒸散作为城市中生态资源的主体植被的生化吸热过程，对城市环境的热舒适度具有较好的调节作用。本节将研究蒸散与城市热环境的表征指标地表温度之间的联系，由此体现植被覆盖在城市热岛效应的消解中的定量作用，可以科学地指导城市绿地规划。当然蒸散和地表温度之间的影响因素比较多，如土壤热通量、NDVI 等，不能用简单的关系式来代表其相互关系[65]。

首先需要做两者的二维散点关系图，需要注意的是，SEBAL 模型求取的蒸散值只针对水体、绿地等下垫面，而不适用于建筑下垫面的表面。因此对这类下垫面取 0 值而并不代入计算。图 8.16 是由此得出的散点图，可见蒸散与地表温度有较为明显的反比关系，因此可以大致假定两者之间有较强的反比线性关系。

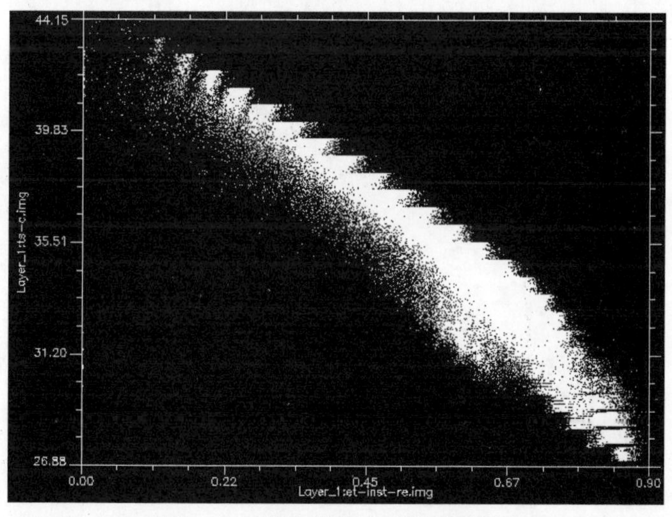

图 8.16　地表温度与蒸散散点图

关联对比研究图 8.16，选择 20 个点对进行统计分析。为保证精度，选择的点对均匀分布在整个武汉市的市区范围，同时要兼顾到所有重要的自然下垫面。表 8.4 是所选取点对的地表温度和蒸散。

表 8.4 下垫面点对参数对照表

点对	1	2	3	4	5	6	7	8	9	10
地表温度/℃	29.338	36.056	35.651	35.447	40.086	28.518	27.354	30.036	36.059	32.474
蒸散/（mm/h）	0.888	0.570	0.618	0.618	0.157	0.927	0.806	0.849	0.580	0.597
点对	11	12	13	14	15	16	17	18	19	20
地表温度/℃	29.972	32.305	36.756	40.489	31.710	37.871	38.025	31.241	27.602	37.243
蒸散/（mm/h）	0.842	0.705	0.538	0.307	0.805	0.414	0.469	0.790	0.882	0.375

由这些点对，可以进行回归运算，可得地表温度和蒸散的线性关系为

$$LST=-18.105\times ET+45.242 \tag{8.40}$$

经验算，该回归运算符合运算要求。

这个等式所代表的意义为：①地表温度和蒸散之间的确存在反比的线性关系，说明绿地和水体对热岛改善的重要调节作用；②由此可以解释前述城市低温条带的形成原因，并能够大致预计出建立不同的绿地整合系统的调温能力。

蒸散作用是植被和水体对城市热环境起改善作用的重要因素。植被和水体在蒸散过程中吸收热量，降低了城市热岛效应的程度。此外，求取蒸散的过程中求取了大量的地表下垫面热环境参数，这也进一步分析了城市地表的热环境特性。

参考文献

[1] 梁艳平，刘兴权，刘越，等. 基于 GIS 的城市总体规划用地适宜性评价探讨[J]. 地质与勘探, 2001, 37(3): 64-67.

[2] 袁金国. 遥感图像数字处理[M]. 北京: 中国环境科学出版社, 2006.

[3] 苏智海，赵志江，刘金川，等. 3S 技术在城市绿地系统中的应用研究[J]. 西北林学院学报, 2008, 23(2): 173-176.

[4] 梅安新，彭望琭，秦其明. 遥感导论[M]. 北京: 高等教育出版社, 2001.

[5] 王伟武. 地表演变对城市热环境影响的定量研究[D]. 杭州: 浙江大学, 2004.

[6] 王桥, 杨一鹏, 黄家柱. 环境遥感[M]. 北京: 科学出版社, 2005.
[7] 田国良. 热红外遥感[M]. 北京: 电子工业出版社, 2006.
[8] 杨惠岚. 多源卫星遥感影像在城市规划中的应用[J]. 科技情报开发与经济, 2006, 16(19): 145-146, 149.
[9] 吴卿. SPOT5 在小流域水土保持生态建设遥感监测中的应用[J]. 中国水土保持, 2007(8): 52-54.
[10] 冯钟葵, 石丹, 陈文熙. 法国遥感卫星的发展: 从 SPOT 到 Pleiades[J]. 遥感数据, 2007(4): 87-92.
[11] 佚名. IKONOS 卫星[EB/OL]. [2006-9-11].http://www.geoview.com.cn/weixing_nei.asp.
[12] 佚名. QuickBird 卫星[EB/OL]. [2006-6-27]http://www.bsei.com.cn..
[13] 马照松. 卫星热红外准实时数据处理综合技术与异常提取模型研究及其应用[D]. 北京: 中国地震局地质研究所, 2005.
[14] 杨英宝, 苏伟忠, 江南. 基于遥感的城市热岛效应研究[J]. 地理与地理信息科学, 2006, 22(5): 36-40.
[15] 王才军. 基于 RS 的城市热岛效应研究[D]. 重庆: 重庆师范大学, 2006.
[16] 张治坤, 桑建国. 不均匀地表产生的中尺度通量的数值试验[J]. 大气科学, 2000, 24(5): 694-702.
[17] 岳文泽. 基于遥感影像的城市景观格局及其热环境效应研究[D]. 上海: 华东师范大学, 2005.
[18] 郭晓寅, 程国栋. 遥感技术应用于地表面蒸散发的研究进展[J]. 地球科学进展, 2004, 19(1): 107-114.
[19] 赵英时. 遥感应用分析原理与方法[M]. 北京: 科学出版社, 2006.
[20] 贾永红. 多元遥感影像数据融合技术[M]. 北京: 测绘出版社, 2005.
[21] 顾晓鹤. 遥感影像数据融合原理与方法[J]. 2003: 5-6.
[22] 覃志豪, Zhang M H, Karnieli A, 等. 用陆地卫星 TM6 数据演算地表温度的单窗算法[J]. 地理学报, 2001, 56(4): 456-466.
[23] 覃志豪, Li W J, Zhang M H, 等. 单窗算法的大气参数估计方法[J]. 国土资源遥感, 2003, 15(2): 37-43.
[24] 覃志豪, 李文娟, 徐斌, 等. 陆地卫星 TM6 波段范围内地表比辐射率的估计[J]. 国土资源遥感, 2004, 3(61): 28-32, 36,41.
[25] 黄荣峰, 徐涵秋. 利用 Landsat ETM+影像研究土地利用/覆盖与城市热环境的关系: 以福州市为例[J]. 遥感信息, 2005(5): 36-39.
[26] 陈云浩, 李京, 李晓兵. 城市空间热环境遥感分析[M]. 北京: 科学出版社, 2004.
[27] 佚名. Landsat7 用户手册[EB/OL]. [2006-12-11]. http://landsathandbook.gsfc.nasa. gov/handbook/handbook_htmls/chapter11/chapter11.html.
[28] 李净. 基于 Landsat-5 TM 估算地表温度[J]. 遥感技术与应用, 2006, 21(4): 268, 322-326.
[29] 杨景梅, 邱金桓. 我国可降水量同地面水汽压关系的经验表达式[J]. 大气科学, 1996(5): 620-626.
[30] 涂梨平. 利用 Landsat TM 数据进行地表比辐射率和地表温度的反演[D]. 杭州: 浙江大学, 2006.

[31] 佚名. 地理空间数据云[EB/OL]. http: //www. gscloud. cn.
[32] 郭凯, 孙培新, 刘卫国. 利用遥感影像软件 ENVI 提取植被指数[J]. 红外, 2005(5): 13-15, 26.
[33] 王佃来. 基于遥感图像分析的北京植被状态与变化研究[D]. 北京: 北京林业大学, 2013.
[34] 徐涵秋. 城市不透水面与相关城市生态要素关系的定量分析[J]. 生态学报, 2009, (5): 2456-2462.
[35] 李玮娜, 杨建生, 李晓, 等. 基于TM图像的城市不透水面信息提取[J]. 国土资源遥感, 2013(1): 66-70.
[36] NASA. 大气剖面参数[EB/OL]. http: //atmcorr. gsfc. nasa. gov/.
[37] ENVI-IDL 技术殿堂. 基于大气校正法的 Landsat8TIRS 反演地表温度[EB/OL]. [2015-07-02]. http: //blog. sina. com. cn/s/blog_764b1e9d0102wa8s. html.
[38] 尤艳丽, 周敬宣, 李湘梅. 基于 RS 的武汉市夏季热岛效应与土地覆盖关系的研究[J]. 山东农业大学学报(自然科学版), 2014(3): 393-398.
[39] 中国气象科学数据共享服务网[EB/OL]. http: //cdc. cma. gov. cn/home. do.
[40] MASTERS JEFF. 在线气象服务平台全球天气精准预报网[EB/OL]. https: //www. wunderground. com.
[41] Sobrino J A, Jiménez-muñoz J C, Paolini L. Land surface temperature retrieval from LANDSAT TM 5[J]. Remote sensing of environment, 2004, 90(4): 434-440.
[42] 徐涵秋. 基于谱间特征和归一化指数分析的城市建筑用地信息提取[J]. 地理研究, 2005(2): 311-320, 324.
[43] 田平, 田光明, 王飞儿, 等. 基于 TM 影像的城市热岛效应和植被覆盖指数关系研究[J]. 科技通报, 2006(5): 708-713.
[44] 苏伟忠, 杨英宝, 杨桂山. 南京市热场分布特征及其与土地利用覆被关系研究[J]. 地理科学, 2005(6): 6697-6703.
[45] 刘仁钊, 廖文峰. 遥感图像分类应用研究综述[J]. 地理空间信息, 2005, (05): 11-13.
[46] 吴非权, 马海州, 沙占江, 等. 基于决策树与监督、非监督分类方法相结合模型的遥感应用研究[J]. 盐湖研究, 2005(4): 9-13.
[47] 孟飞, 刘敏, 张心怡. ETM 影像中城镇覆盖与背景信息的提取[J]. 华东师范大学学报(自然科学版), 2005(4): 59-65, 86.
[48] 王勇, 李发斌, 李何超, 等. RS 与 GIS 支持下城市热岛效应与绿地空间相关性研究[J]. 环境科学研究, 2008(4): 81-87.
[49] 王素伟, 周廷刚, 陈雪彬. 基于 RS、GIS 的城市绿地信息获取及生态效益评价: 以重庆市北碚城区为例[J]. 安徽农业科学, 2011(27): 16980-16982.
[50] Liu G, Zhang Q, Li G, et al. Response of land cover types to land surface temperature derived from Landsat-5 TM in Nanjing Metropolitan Region, China[J]. Environmental earth sciences, 2016, 75(20): 1386.
[51] Estoque R C, Murayama Y, Myint S W. Effects of landscape composition and pattern on land surface temperature: An urban heat island study in the megacities of Southeast Asia[J]. Science of the total environment, 2017, 577: 349-359.

[52] 王乐, 牛雪峰, 魏斌, 等. 遥感影像融合质量评价方法研究[J]. 测绘通报, 2015(2): 77-79.

[53] 孙鹏森, 刘世荣, 刘京涛, 等. 利用不同分辨率卫星影像的 NDVI 数据估算叶面积指数(LAI): 以岷江上游为例[J]. 生态学报, 2006, 26(11): 3826-3834.

[54] 刘灿然, 陈灵芝. 北京地区植被景观中斑块形状的指数分析[J]. 生态学报, 2000(4): 559-567.

[55] 邱皓政. 量化研究与统计分析: SPSS(PASW)数据分析范例解析[M]. 重庆: 重庆大学出版社, 2013.

[56] 贾刘强, 邱建. 基于遥感的城市绿地斑块热环境效应研究: 以成都市为例[J]. 中国园林, 2009(12): 97-101.

[57] 栾庆祖, 叶彩华, 刘勇洪, 等. 城市绿地对周边热环境影响遥感研究: 以北京为例[J]. 生态环境学报, 2014(2): 252-261.

[58] 达婷, 谢德灵. 汉口中山公园空间结构变迁思考[J]. 建筑与文化, 2014(11): 156-158.

[59] 王琳. 福州及其毗邻地区的土地利用变化、城市热岛和蒸发(散)量遥感信息反演的研究[D]. 福州: 福州大学, 2005.

[60] 郭玉川, 董新光. SEBAL 模型在干旱区区域蒸散发估算中的应用[J]. 遥感信息, 2007(3): 75-78.

[61] 张晓涛. 区域蒸发蒸腾量的遥感估算: 以民勤绿洲为例[D]. 咸阳: 西北农林科技大学, 2006.

[62] 徐丽君. 黄河三角洲湿地生态需水量研究[D]. 北京: 北京中国科学院地理科学与资源研究所, 2006.

[63] Tasumi M. Progress in operational estimation of regional evapotranspiration using satellite imagery[M]. Idaho: University of Idaho, 2003.

[64] Nelson K R A E. SEBAL advanced training and users manual[D]. Water consulting, University of Idaho, WaterWatch, INC. Funded by a NASA EOSDIS/Synergy grant from the Raytheon Company through the Idaho department of water resource, 2002.

[65] 李红军, 雷玉平, 郑力, 等. SEBAL 模型及其在区域蒸散研究中的应用[J]. 遥感技术与应用, 2005(3): 321-325.

第 9 章　ENVI-met 软件及操作案例

9.1　ENVI-met 概述

9.1.1　用途介绍

ENVI-met 是由德国科学家 Michael Bruse 开发的一个 3D 微气候模型，其典型应用领域：城市气象学、建筑和环境设计等。

ENVI-met 是一款通过三维非流体静力学模型的构建量化计算建筑物、植物等与室外微气候之间的相互作用从而分析城市及区域空间局部环境的模拟软件[1]。它的水平解析度为 0.5～10 m，时间步长最大为 10 s，时间量级在 24～48 h，适合用于模拟中小尺度的微环境及自然和人工构筑物的热特性，此外还有水体蒸发模块能够模拟湖泊等对环境的热作用[2]。目前被广泛应用于诸如模拟绿化、建筑、道路材料等不同类型的城市下垫面对微环境的影响，能够在城市街道及住区层面的空间决策制定中或设计方案的优化中进行预判模拟[3]。

9.1.2　学者使用软件做出的成果

（1）方小山以亚热带湿热地区（以珠江三角洲地区为重点研究范围）郊野公园为调查点进行实地调研与气象监测，在对该地区郊野公园室外环境热舒适 SET 的阈值探讨的基础上，利用 ENVI-met 软件对郊野公园景观设计因子对室外热环境影响进行了模拟研究[4]。

（2）王振通过 ENVI-met 软件对武汉保成路商住混合街区进行数值模拟，并对现场进行实际测试，通过对比夏季和冬季的多项参数，除个别参数软件没有考虑更详细的材料特性，以及边界层影响产生的结果不理想，其他参数得到的结论是两者有着较好的一致性[5]。

9.1.3　基本界面

ENVI-met 主要包括建模、设置参数、模型校验和运行模拟结果等功能，下面从主要按钮及其功能进地具体阐述。

1. 主要按钮及其功能介绍

ENVI-met 软件界面，主要包括模型建立、参数设置、模拟运行及结果等功能，下面将介绍界面的主要按钮及其功能。

表 9.1　主要按钮及其功能介绍

主要按钮	名称	功能
ENVI-met Headquar...	ENVI-met Headquater 总图标	桌面快捷图标
ENVI-met Run	Run 模型核验和运行	计算运行模块（分三个建模版本，代表网格中 X,Y,Z 轴的最大模拟范围）
SPACES	Spaces 建筑模型空间	模型建立版块(进行建筑，植物，下垫面的建模）
ConfigWizard Edit	Config Wizard Edit 修改配置参数向导	创建或编辑模拟文件（可以进行各种边界条件和参数的设置和调整）
LEONARDO 201... Visualize	Visiualize 模拟结果显示	分析模型结果并创建 2D、3D 地图
Manage Projects and Workspaces Organize	Manage Projects and Workspaces Orgaize 项目管理和工作空间组织	设置模拟文件的工作路径和存储区域

2. 主要按钮附属功能界面介绍

（1）SPACES 建模版块，详细界面如图 9.1 所示。

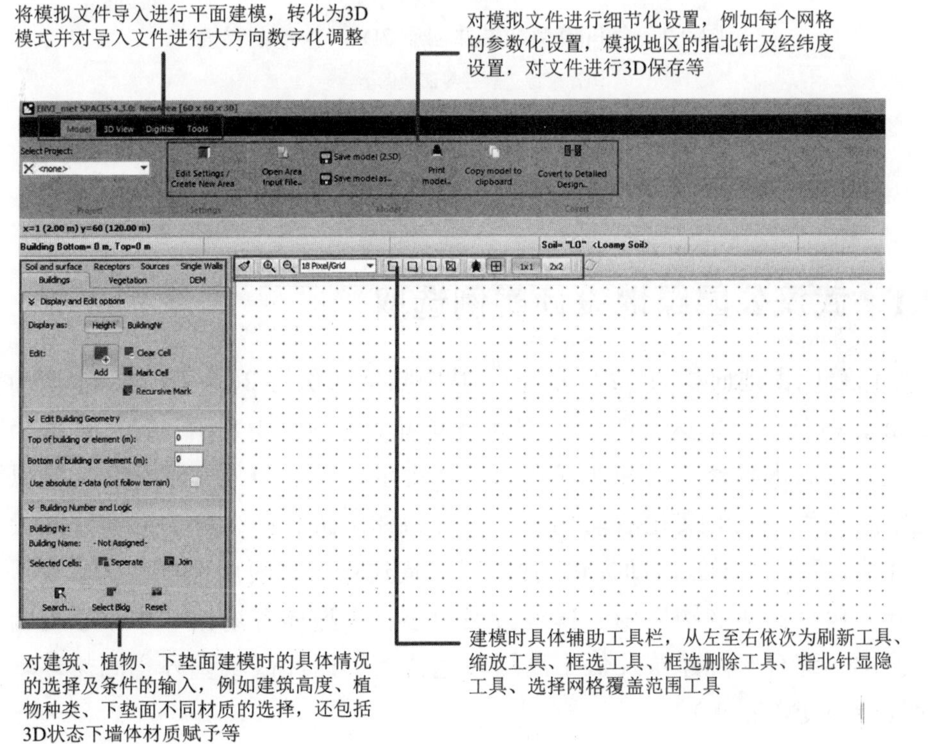

图 9.1　建模版块界面

图片来源：软件界面截图上自绘

（2）分析模型结果并创建 2D、3D 地图。

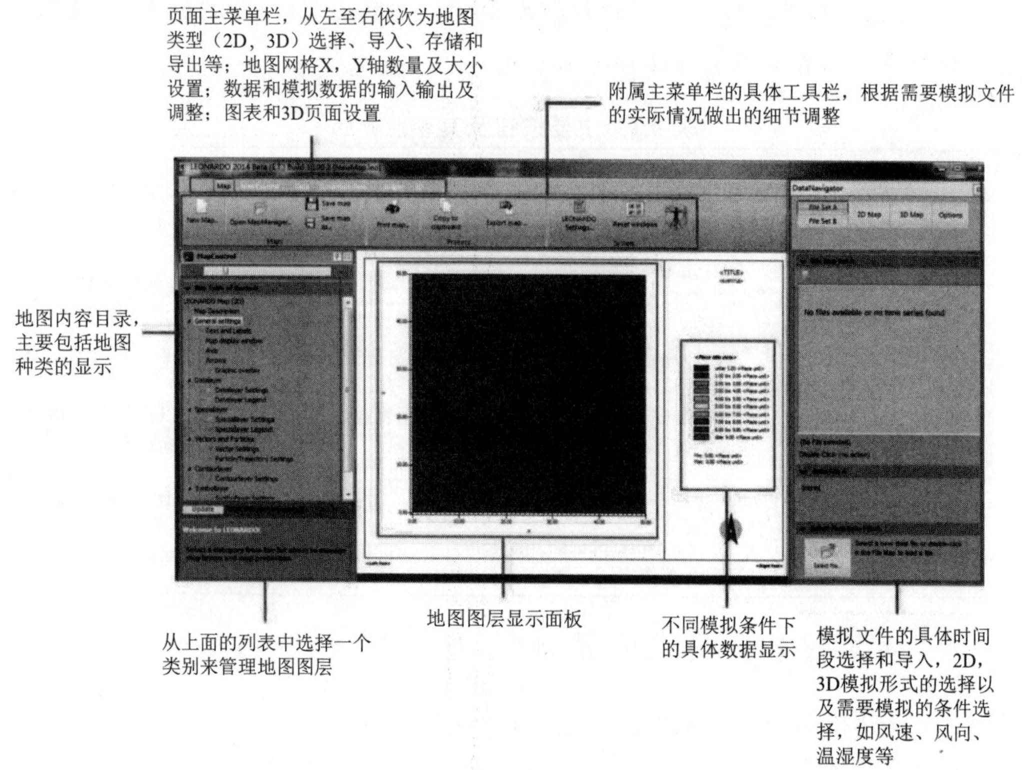

图 9.2 分析模型结果并创建 2D、3D 地图界面

图片来源：软件界面截图上自绘

9.2 操 作 案 例

9.2.1 武汉公园绿地设计实例选取

中山公园占地面积为 32.8 万 m^2，其中陆地面积为 26.8 万 m^2，水面面积为 6 万 m^2，绿化覆盖率达 93%。其空间格局可分为前、中、后三区：前区为园林景观区，以山水私家宅园和西式几何园林为主；中区为人文纪念区，是以湖水环抱空间较为独立的文化活动场所；后区为林荫游乐区，分为动物园和大片的草坪林地，为大型游园活动提供场所[6]。其周边城市空间用地类型丰富且建筑布局迥异，包括商业购物广场、博览会展中心、大型体育场馆、中小学校园、机关办公楼、综合医院建筑及低中高层住宅群等，因此区域室外空间热环境情况较为复杂多变（图 9.3）。

图 9.3　中山公园卫星图

图片来源：Google 卫星地图

9.2.2　选取实例操作步骤

1. 确定软件运行路径

单击桌面快捷方式，修改和保存软件运行路径，尽量不要选在 C 盘（图 9.4）。

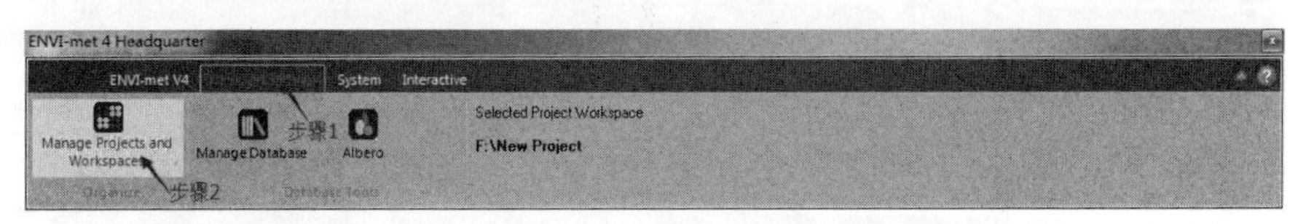

图 9.4　修改和保存软件运行路径界面

图片来源：软件界面截图上自绘

2. 建模操作

单击建模版块快捷键，进入界面（图 9.5）。

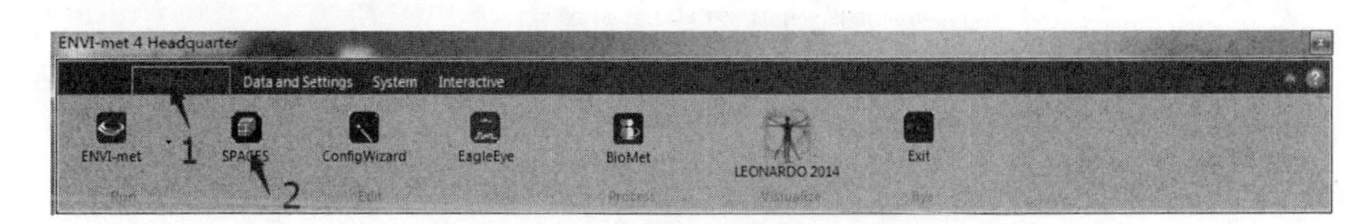

图 9.5　软件建模版块快捷键界面

图片来源：软件界面截图上自绘

将 Location 改成所要模拟的城市名称，若选项里面没有指定城市名，可输入经纬度，单击创建新区域，然后应用（图 9.6）。

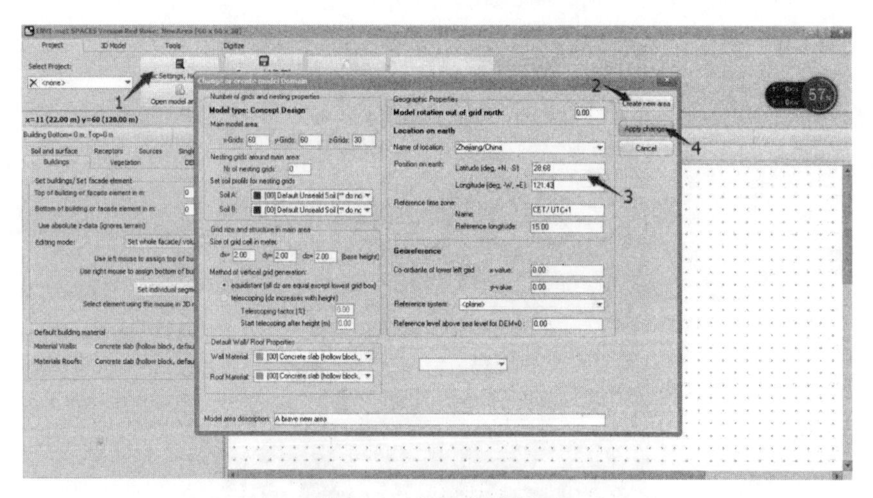

图 9.6　地点选择界面

图片来源：软件界面截图上自绘

将已有的中山公园总平面图导出，格式为 BMP，然后将其导入 ENVI-met，作为模型区域的底图，这样能方便描图，建立物理模型；在全局设置对话框中设置导入图形的实际 x 轴和 y 轴的长度，这时图形就会自动适应网格的大小，充满网格（图 9.7）。

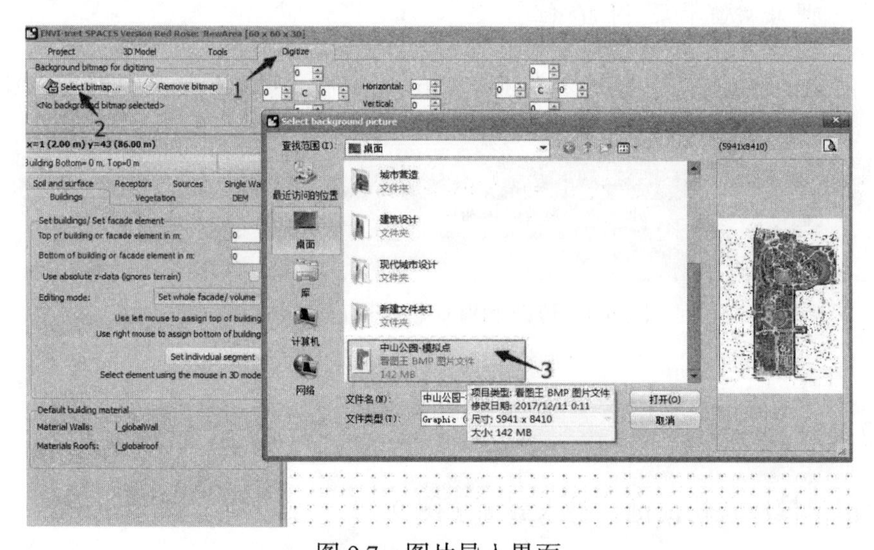

图 9.7　图片导入界面

图片来源：软件界面截图上自绘

单击 Basic Settings, New Area 进行各项细节设置，调节指北针角度，输入模拟地区经纬度，根据模拟范围大小调节网格尺寸，x-Grids、y-Grids、z-Grids 表示 x、y、z 轴的嵌套网格数量，dx、dy、dz 表示每个嵌套网格尺寸（以 m 为单位），单位越小，精度越大，但模拟所需时间长，单位最小不得小于 2 m，再根据所模拟区域的面积大小输入相应数值。此时，已经完成了重要的初步工作，下一步就是描图建模。

按照建筑、植物、下垫面的顺序建模（图 9.8）。只有按照这个顺序，在建立各种地面时，建筑和植物占据的网格是分别标出的，这样才不会在一个网格出现重复建模。

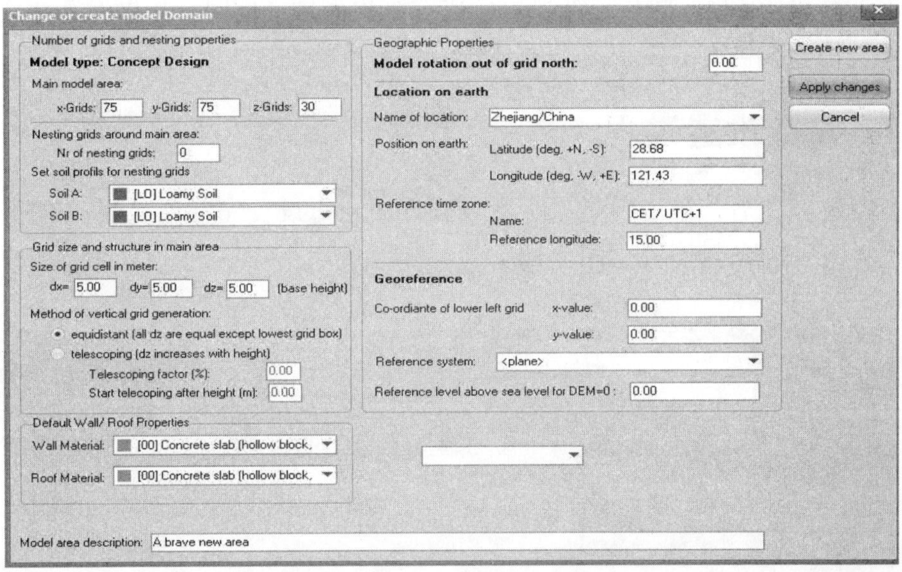

图 9.8　建模界面

图片来源：软件界面截图上自绘

根据每一栋建筑的层高，在指定 Building 菜单中输入建筑物总高度，先把所有建筑物覆盖到的区域都画完，然后开始画整个总平面图中的植被，根据环境中不同植被性质在 Vegetation 菜单栏中选择不同种类的植物进行建模。

所有建筑物和植被覆盖范围都建完模之后再进行下垫面建模，建立下垫面时可以先用框选工具把不同性质的下垫面框选起来（图 9.9）。如果同一性质的

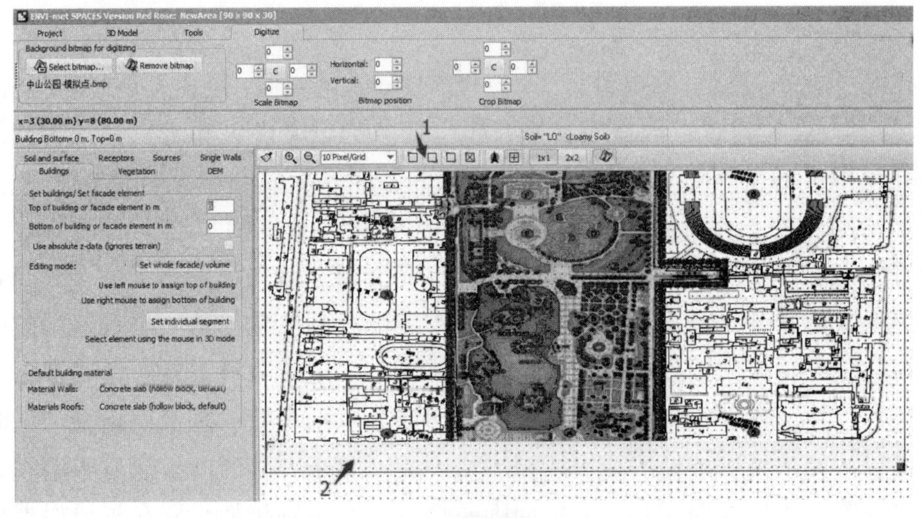

图 9.9　框选界面

图片来源：软件界面截图上自绘

下垫面面积越大，建模框选单位可选 2 m×2 m，可以按此方式更方便地建立道路、水体等其他属性的下垫面。

单击 保存，打开三维视角生成三维模型图。此时，如果发现建立的模型中建筑物和植被有些需要改动的部分，也可直接在 3D 模型中进行更改。

9.2.3 参数设置过程

模型建完之后，单击 进入参数设置界面，每设置完一项参数，单击 Next 按钮进入下一项参数设置（图 9.10）。

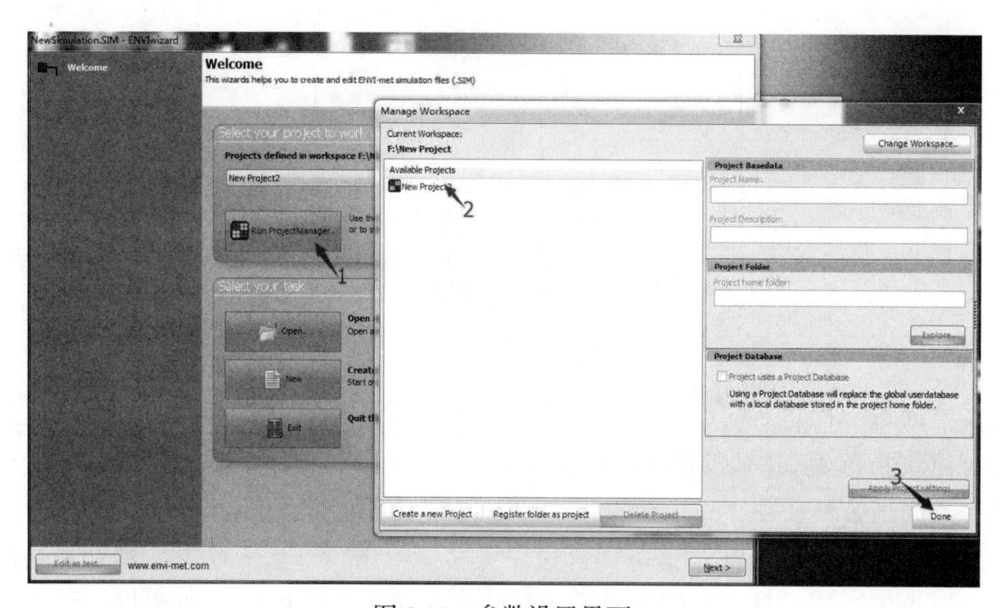

图 9.10 参数设置界面

图片来源：软件界面截图上自绘

找到存储文件路径，将文件打开。选择需要置入的文件，格式为 INX（图 9.11）。

单击 Next 按钮，可以修改要进行模拟任务的母文件夹和子文件夹名称。设置需要模拟文件的开始和结束时间、模拟的总时长及文件输出间隔时长。首先进行最初的气象条件设置（风速、温度、空气湿度根据模拟当天的气象数据进行设置）。温湿度随时间变化的折线图，也需要通过获得模拟当天每个时间片刻的温湿度数值并逐一输入，用以了解一天中温湿度的变化趋势。更大范围的气象条件参数设置（太阳辐射、云层、空气流体力学、边线条件设置），是根据模拟需要进行计算或者不作为模拟的考虑因素而选为默认参数。随后是模型动态时间管理设置，如果模型不稳定，可以根据太阳高度角来调整时间。还有土壤和平面层参数设置，土壤温湿度和平面层周围条件以及污染物扩散设置是需要根据情况计算获得的参数。最后输出设置好的参数文件，单击 Save 按钮，进行保存。

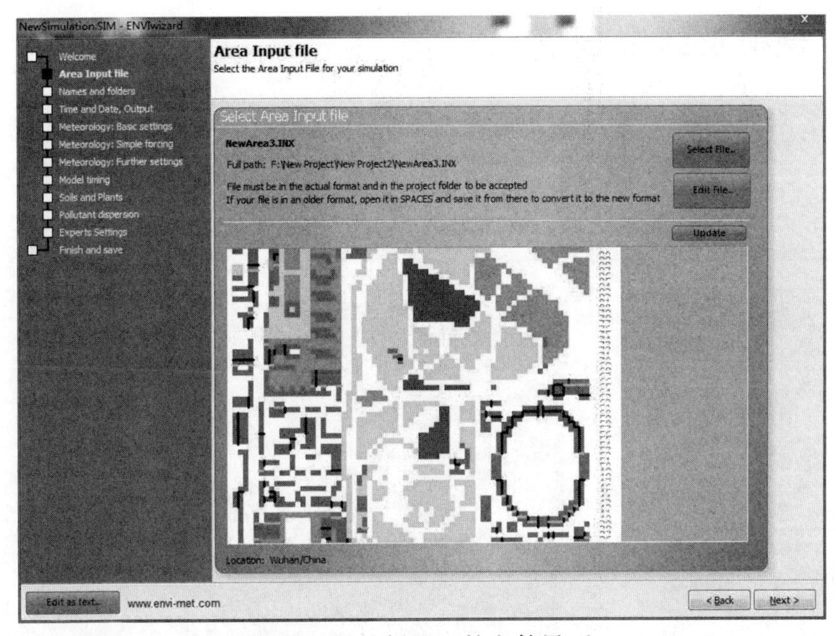

图 9.11　选择置入的文件界面

图片来源：软件界面截图上自绘

9.2.4　校验版块

单击进入以下界面，打开需要校验的文件，文件格式为 SIM（图 9.12），先进行校验文件，时间较长，等校验全部完成后正式运行文件。

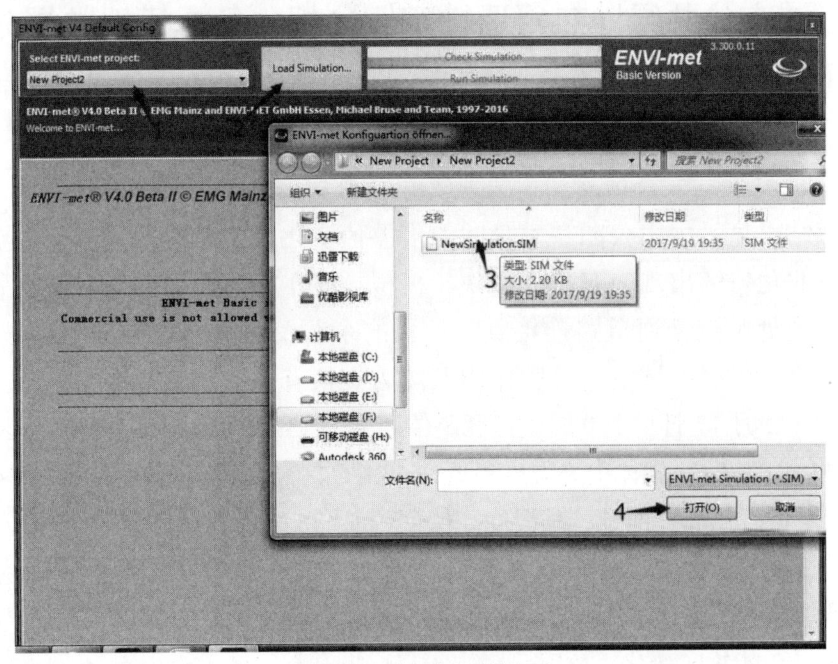

图 9.12　校验文件界面

图片来源：软件界面截图上自绘

9.2.5　模拟及结果分析

单击　进入模拟版块，界面左右可以自行调整基础设置（图 9.13）。

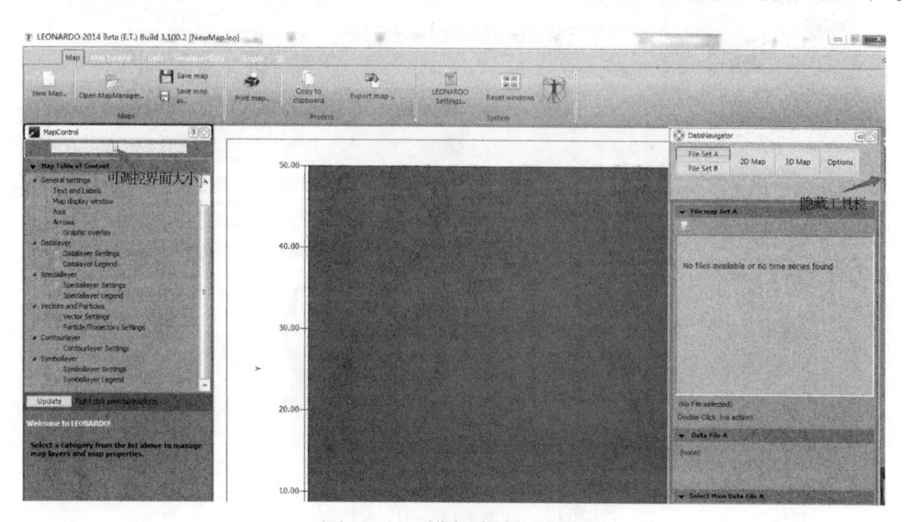

图 9.13　模拟版块界面

图片来源：软件界面截图上自绘

单击文件选择，将上一步运行后保存的文件打开（主要是要分析的时间段文件），在界面右方 Data 菜单栏里选择想要通过计算进行分析的选项，如风速、风向、空气温度、太阳辐射温度等，进行计算得到数据后分析结果。

9.2.6　城市公共绿地热舒适性实例分析：冬季模拟数据分析和热舒适预判

1. 温度模拟结果分析

模拟结果显示中山公园冬季日间温度差值变化可达 3～7℃。全天范围内中山公园东北角持续出现一对热力斑块（模拟点-*H*），其温度区间比周边高 2℃。这可能与此处临近交通道路连接点，地块的东北及西南两个方向上都被高层建筑紧密围合，阻碍区域空气升腾作用及热力交换有关（图 9.14）。

2017 年 2 月 17 日早上 9 时模拟区整体温度在 13.37～15.39℃。公园前区假山及造湖水域（模拟点-*C*）湖体中心温度最低在 13.6℃左右；后区林荫活动区（模拟点-*G*）出现一个小型“热岛”面域，其温度高值可达 14.38℃。中午 12 时，中山公园内部温度开始呈现分阶梯度，由东北向西南梯度降低的变化态势，至下午 15 时这种分布情况得到加强，温度水平维持在 16.87～22.76℃。晚上 18 时园区内部热力分布又呈现出明显功能片区变化，此时公园主入口广场开阔区域（模拟点-*A*，14.21℃）比后区林荫游乐区（模拟点-*G*，13.79℃）稍高 0.42℃，沿湖周边的人行道铺地及亲水广场的温度在 13.96～14.04℃，而大片绿化种植区的温度则在 13.88～13.96℃。

通过 2017 年 2 月 17 日 9 时与 18 时的温度模拟图的比较可以发现，水体具有较高的比热容对环境温度变化的响应部分有延迟，因此经过一天的蓄热作用之后，傍晚及夜间会缓慢释放热量使得其沿岸区域温度升高而水体自身出现放热降温。夜晚林木区域植物仅进行呼吸作用释放的聚温效应造成热力图中有小型“热岛”现象。比较 12 时与 15 时的模拟数据发现，在日间持续太阳照射和周围建筑辐射热的升温作用下，下垫面材质、植株种类及密集程度若没有形成足够的集群效应，则对整个区域空间温度的调节作用不强。但硬质铺装广场的温度比种植土壤仍然略微高出 1℃。

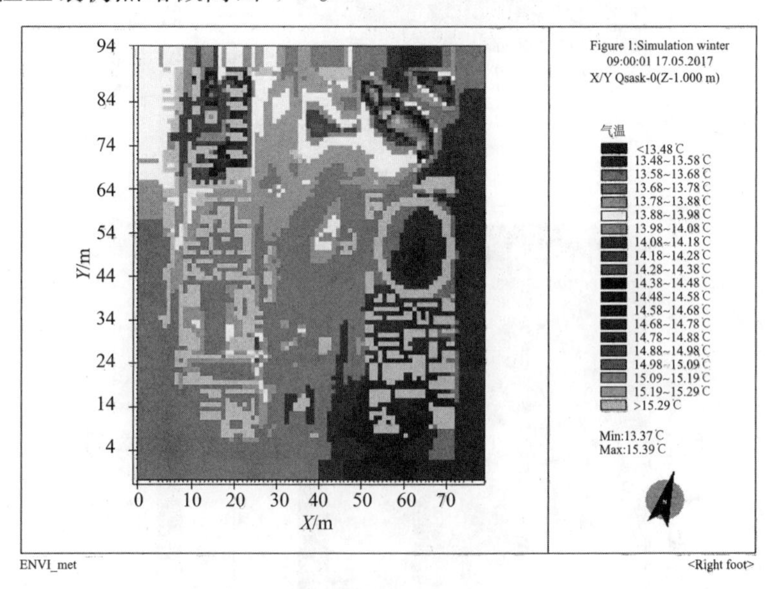

(a) 9 时

(b) 12 时

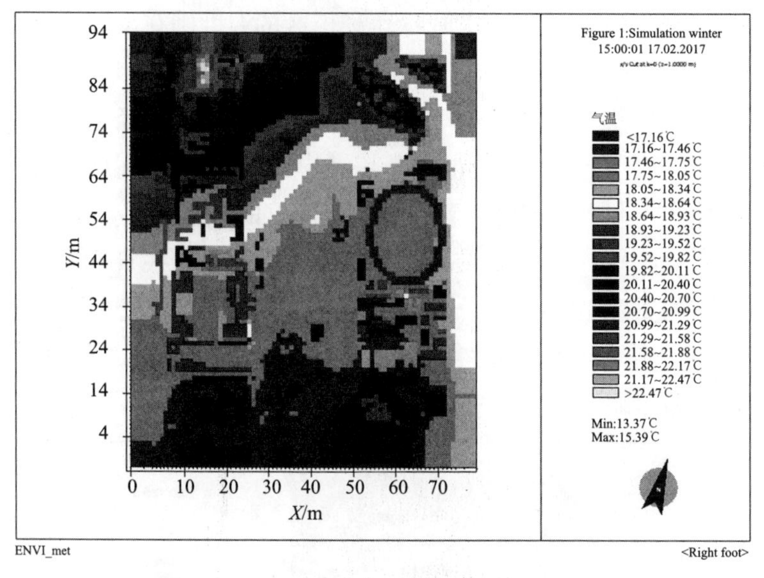

（c）15 时

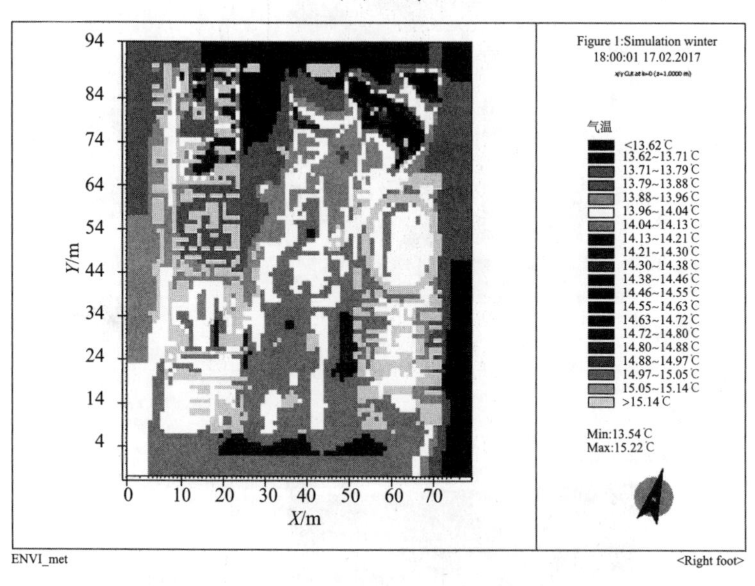

（d）18 时

图 9.14 各时间切片温度模拟结果图

图片来源：软件界面截图上自绘

2. 相对湿度

整体上全天模拟区的相对湿度在 76.55%～95.99%（图 9.15）。2017 年 2 月 17 日晚上 18 时是四个时段中相对湿度最高的时间，最高值 89.20%出现在后区湖体包围的密集树林处（模拟点-*G*）。全天的相对湿度变化整体上较为均匀，从园区西北角到东南入口广场处递减的相对湿度变化梯度，每个梯度间隔 1.5%的相对湿度。各时段最高的是后区草坪林地，入口广场相对湿度最低，但最高与最低相对湿度差值在 5%以内。而园区内部水域面积及流域形状对于相对湿度的变化并没有明显的区分和限定。全区相对湿度变化比较明显的区域是中部人文活动区，究其原因可能是该区下垫面包含水体、土壤和硬质铺地，其含水和保水能力均有较为明显的差别。

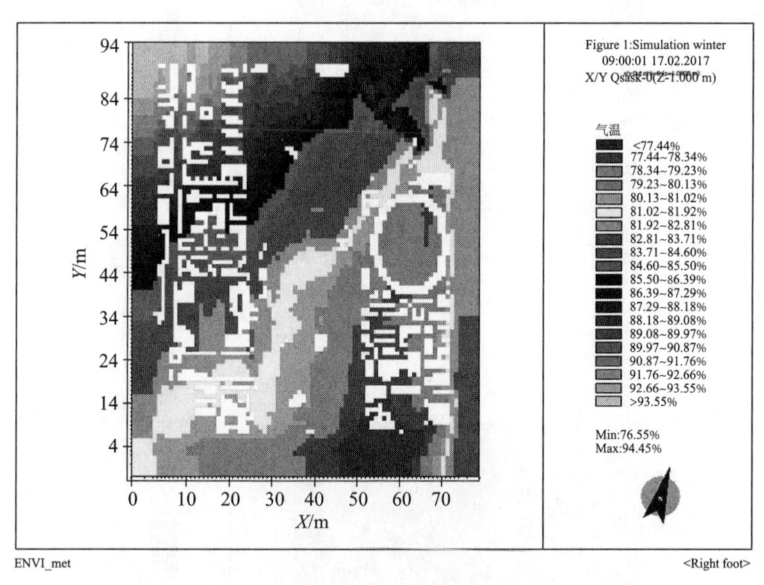

（a）9 时

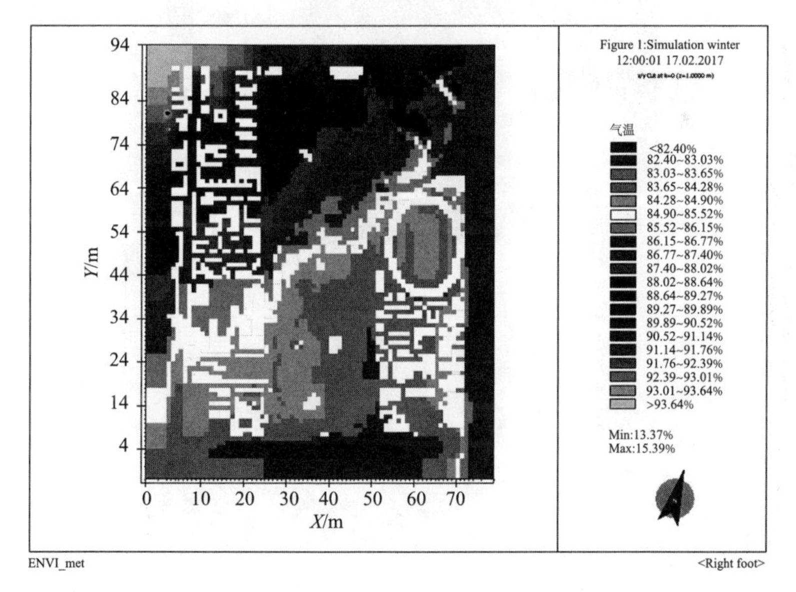

（b）12 时

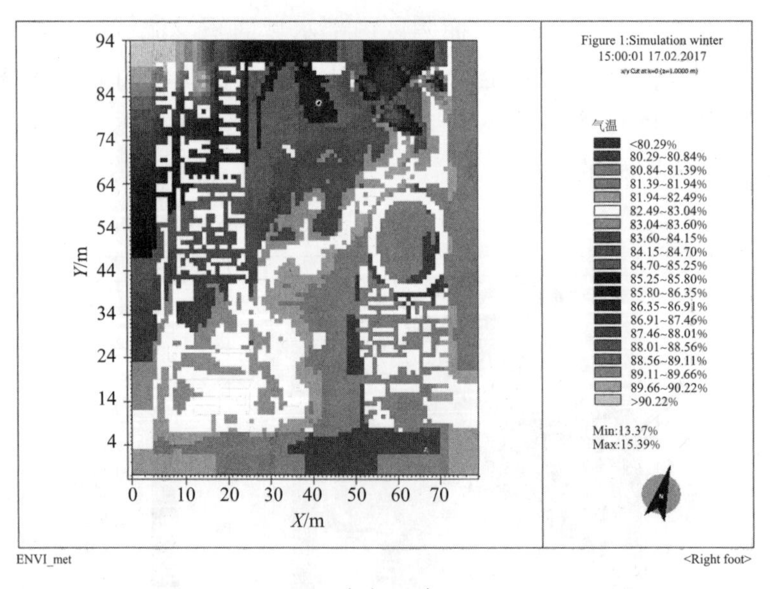

（c）15 时

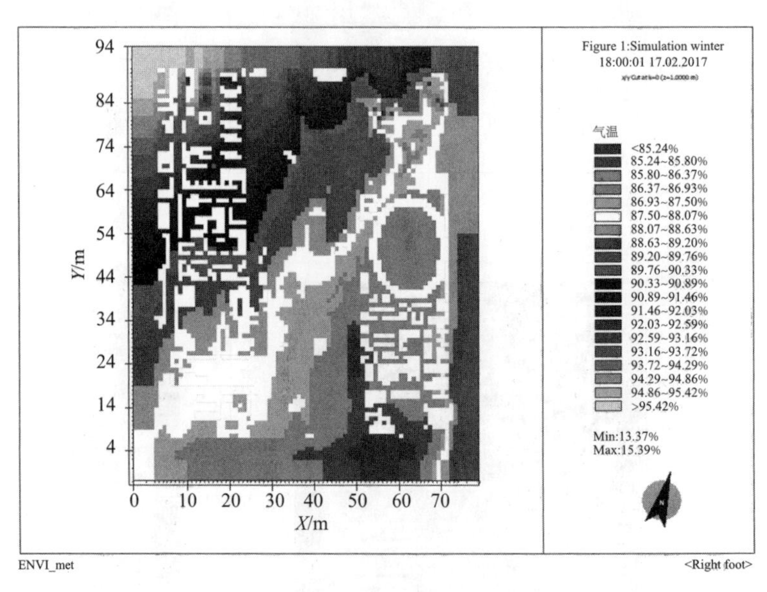

（d）18 时

图 9.15　各时间切片湿度模拟结果图

图片来源：软件界面截图上自绘

3. 风速

通过观察发现（图 9.16），中山公园园区模拟范围内全天风场环境较为稳定，其各时段风速值波动较小，基本处在 0.38～4.88m/s。园外风速较大的区域是场地东南方的入口广场和南边沿道路一侧，这主要是城市空间格局造成街道“峡谷”现象，以及机动车快速通过带来的急剧气流运动。气流从入口广场灌入，沿着前区湖面流水运动，被引入场地的中部。而公园前区及后区各有一座相对高程为 5～7m 的堆土山地，中央园区地形却较为平整，四周环绕水道、东西向被建筑所阻隔，其下垫面材质主要是面域较大的硬质铺装或草坪广场缺少高大乔木林种植，易形成一个类似“盆地”的空间环境造成空气涡旋，使得中区人文活动区（即模拟点-*E*、*F* 所在场地）成为园区风速最高的地方，最高风速可达 4.23m/s。

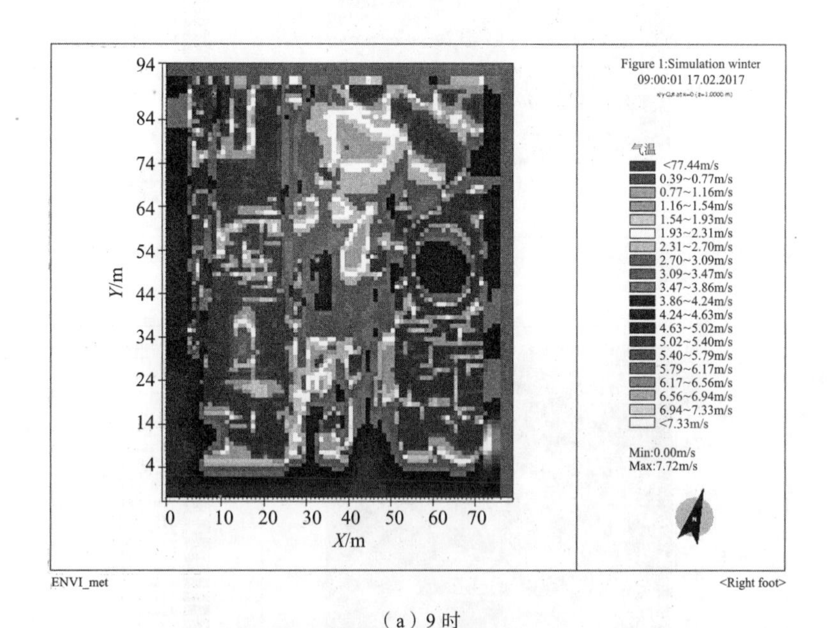

（a）9 时

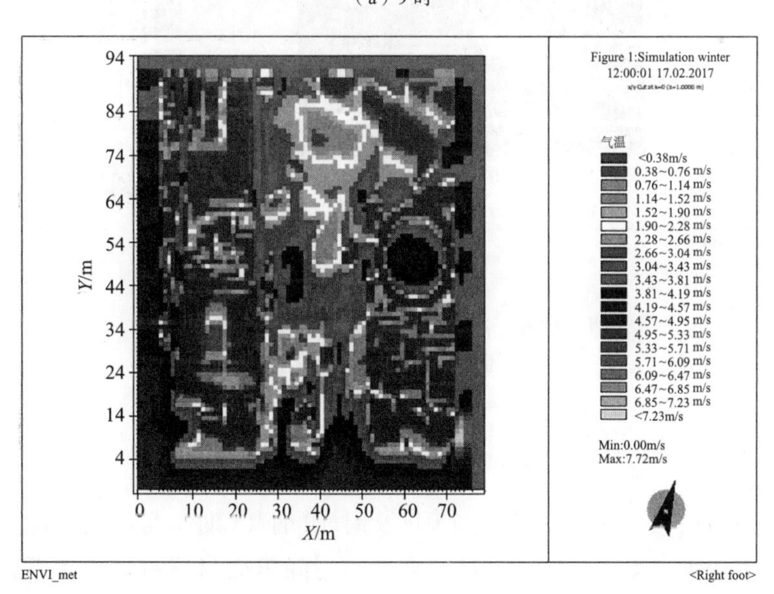

（b）12 时

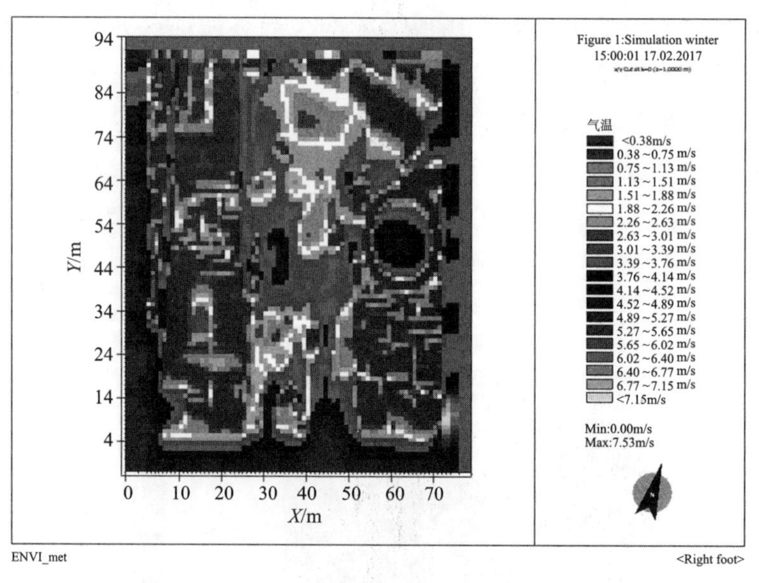

（c）15 时

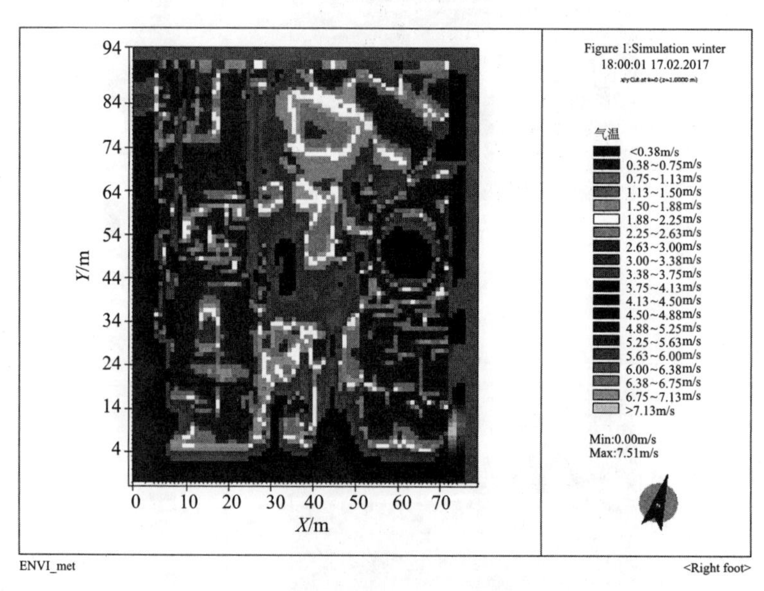

（d）9 时

图 9.16　各时间切片风速模拟结果图

图片来源：软件界面截图上自绘

4. 平均辐射温度

模拟时间内白天（2017 年 2 月 17 日 9 时/12 时/15 时）与夜晚（18 时）的平均辐射温度差值较大，这可能与太阳日照直射与空间界面材质有较大关系（图 9.17）。冬季模拟从早上 9 时开始，平均辐射温度已经表现出不同区域空间界面材质之间的明显区别，即非林荫区高于林荫区，湖面高于林荫区，建筑周边和广场铺装区平均辐射温度最高。园区中心广场较为开阔的硬质铺地区域在下午 15 时平均辐射温度最高，可达 56.90℃；草地种植斑块次之，平均辐射温度约 48℃；后区林荫场所及园内树木较为密集的地方未能直接接受日晒，平均辐射温度最低在 28.77～30.52℃。18 时由于太阳高度角变低而缺少直射阳光，模型区域整体平均辐射温度均有大幅下降。硬质铺装广场和水面部分降幅最大，其平均辐射温度达到了模拟低点约为 5.1℃；滨水地带区域次之，平均辐射温度在 5.46～5.82℃；草地区域的平均辐射温度在 6.53～6.88℃。公园后区及其他密林斑块位置由于植物持续的物质交换活动产生生物能和辐射热，平均辐射温度水平降低较小，维持在 10.08～11.55℃。

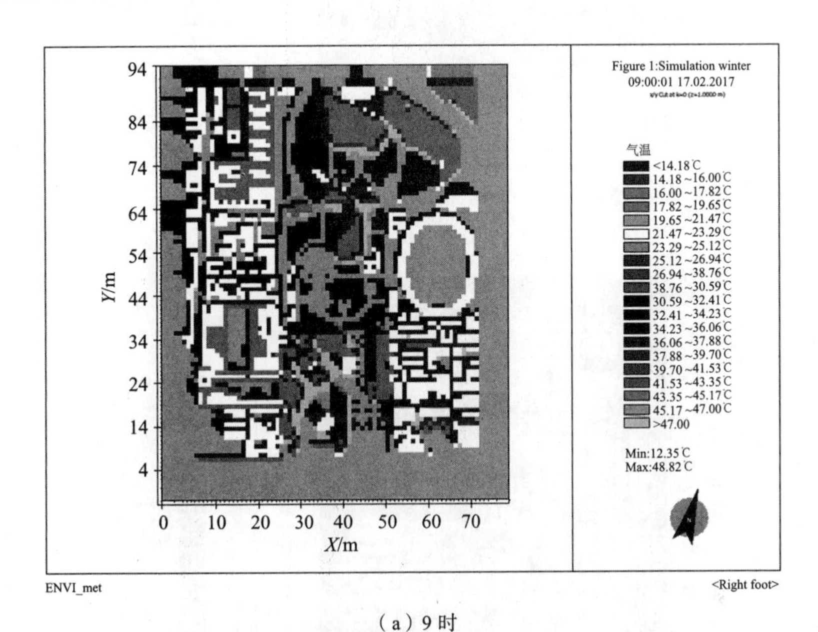

（a）9 时

（b）12 时

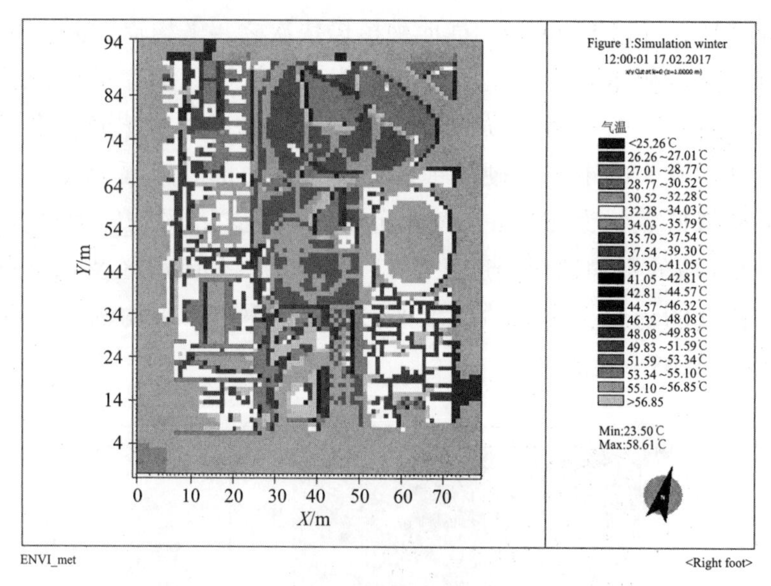

（c）15 时

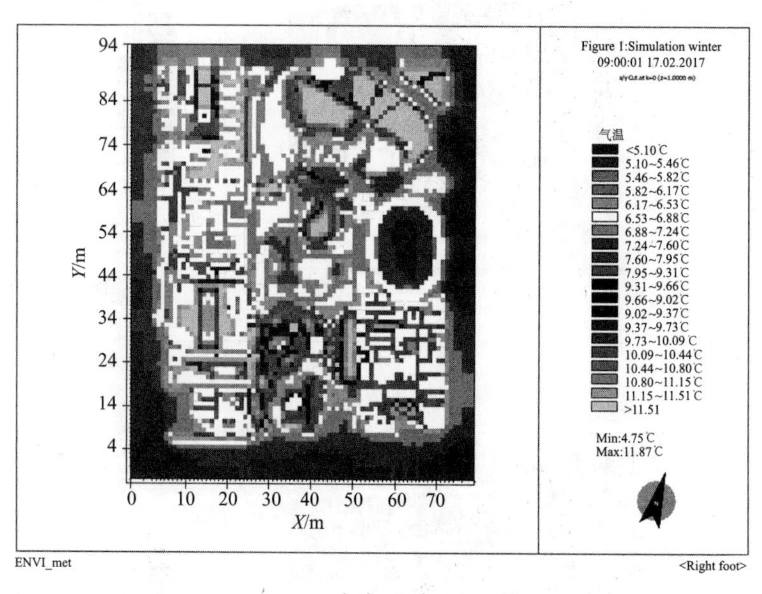

（d）18 时

图 9.17 各时间切片平均辐射温度模拟结果图

图片来源：软件界面截图上自绘

参考文献

[1] 马舰, 陈丹. 城市微气候仿真软件 ENVl-met 的应用[J]. 绿色建筑, 2013(5): 56-58.

[2] 杨晓彬，陈志龙等. 城市居住区地下停车对微气候的影响研究[N].地下空间与工程学报，2016-2-12（1）.

[3] 秦文翠. 街区尺度上的城市微气候数据模拟的研究[D].重庆:西南大学，2015.

[4] 方小山. 亚热带湿热地区郊野公园气候适应性规划设计策略研究[D]. 广州华南理工大学，2014.
[5] 王振. 夏热冬冷地区基于城市微气候的街区层峡气候适应性设计策略研究[D]. 武汉: 华中科技大学, 2008.
[6] 刘思佳. 汉口中山公园百年回看[J]. 武汉文史资料. 2010(9): 39-45.

第 10 章　Phoenics 软件及操作案例

10.1　Phoenics 概述

10.1.1　Phoenics 概况

Phoenics 作为计算流体与传热学用途的软件程序，在世界上可谓史无前例。它是软件相关开发人员多年来的研发成果。

Phoenics 原名称为 Parabolic Hyperbolic Or Elliptic Numerical Integration Code Series，它主要用来模拟和计算流动和传热的数值。Phoenics 软件有着许多其他软件不可企及的优势，首先是因为它周期短、成本低；其次是因为它技术性强，资料完备，计算精准；最后是因为它拥有方案设计美观的能力。

10.1.2　Phoenics 适用范围

Phoenics 软件的运用范围极为广泛，无论是在建筑业、暖通空调专业、飞机制造行业等，都有很好的应用。而对于建筑领域来说，主要应用于风环境、室内自然通风、室内外风热环境、室内气流组织等的模拟和优化设计，软件中的 FLAIR 模块为建筑专用模块，COFFUS 为电站锅炉专用模块。在建筑暖通行业可运用于小区通风、火灾模拟、污染物模拟、室内设计，以及对于城市最重要的热岛模拟。

10.1.3　Phoenics　主要特点

Phoenics 这款软件有着许多独特的特点，无论是对于软件所涉及的范围，还是软件自身所包含的多种功能，以及专业的针对性，都是很多其他软件所没有的。以下为 Phoenics 典型的三个特点。

1. 灵活性

Phoenics 的灵活性极强，使用者可以根据自己的具体情况及要求建立模型，对所要模拟的建筑及场景的模型或其他文件进行计算和模拟。

2. 适应性

Phoenics 软件对于建筑人员来说,在运用上可以读入多种制图软件的图形文件，模拟过程更加方便。在模型的选择上也是极为广泛，它不局限于一种模型文件，湍流模型、燃烧模型等都可以导入，非常方便。

3. 崭新建模思路

Phoenics 在用户界面上也不同于其他的常规 CFD 模拟软件,VR 虚拟现实的建模场景，给人更清晰也更新颖的建模思路，更利于计算的运用。建模的过程和一些模型的导入方法更适合建筑等行业的需求。

10.2　Phoenics 在建筑行业的应用介绍

Phoenics 是国内建筑行业规范中推荐使用的软件之一,其模拟结果具有正规性及可靠性，是各大高校及设计研究院所青睐的数值模拟软件。在建筑行业领域，主要运用于建筑的室内和室外、建筑群落之间及城市规划区域的风环境和热环境的模拟。

10.2.1　Phoenics 对室内外风环境的模拟研究

Phoenics 软件对风环境的模拟研究主要分为建筑内外通风环境和城区及社区建筑群的风环境模拟两个方面。首先对建筑室内外、高层建筑的风环境模拟，可以帮助设计师了解建筑通风设计的合理性以及大型建筑、高层建筑的垂直风场状态。从城市的住宅小区或是特定城区来说，该软件的模拟可以了解小区建筑类型、排列方式、间距与通风之间的关系，并模拟不同季节不同方向的风环境影响。该领域已有相关的研究案例。吕丽娜等利用 Phoenics 软件对某高层建筑及配套公建的周边风场进行了模拟，研究了建筑立面的风压变化,并着重分析了 1.5m 高处的风环境特点[1]。徐进欣等也利用 Phoenics 软件分析了山东潍坊某小区的风速、风压等风环境指标，并对比相关绿色建筑标准提出小区环境设计的相关措施[2]。王菲等从数学模型选取、边界条件的设置、模拟结果的解读等方面验证了使用 Phoenics 软件进行建筑风环境模拟的有效性，并使用该方法模拟研究了某学生公寓的风环境状况[3]。

10.2.2 Phoenics 对室外热环境的模拟研究

Phoenics 软件模拟在建筑室外热环境的评估和优化设计方面也有广泛应用。该软件可以模拟一栋建筑室内外或是一定面积城区的热场状态，并根据边界条件设置计算各点的热环境指标，方便设计师全面地了解热环境的整体分布特征。目前也有相关研究：金铭通过风洞实验验证 Phoenics 软件模拟的准确性，并在该软件中导入某校园的建筑和环境状况，模拟显示了该校园在不同季节的热环境特点[4]。赵炎通过某小区的热环境指标的实测，结合 Phoenics 软件模拟，研究了该小区的热环境特点，并提出了优化建议[5]。冯源利用 Phoenics 软件模拟研究了重庆大学校区和云阳地区的热环境状态，由此了解山地城镇热环境的特点并提出改善建议[6]。

10.3 基 本 界 面

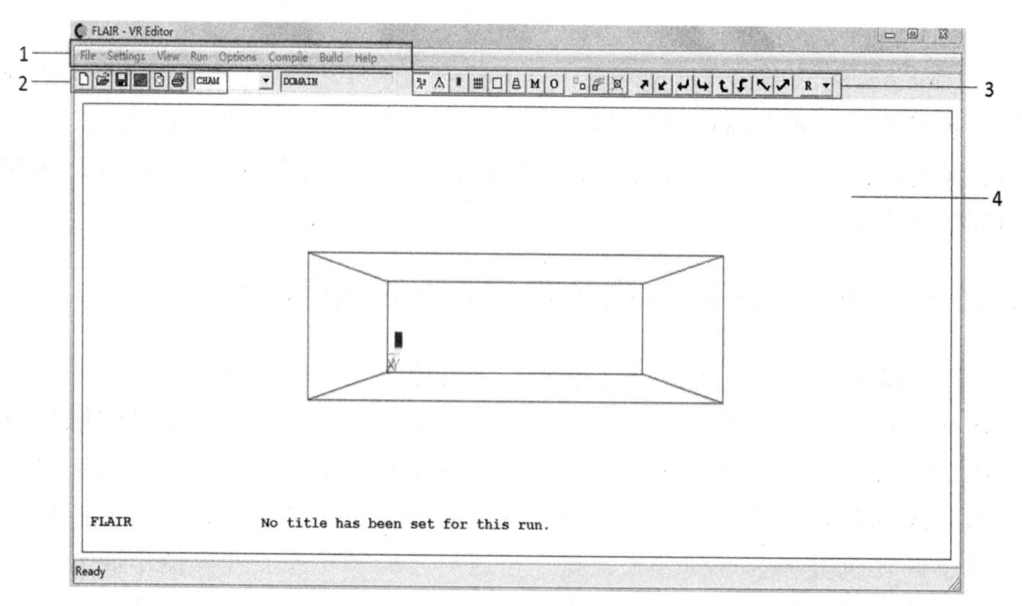

图 10.1 Phoenics VR 主界面

图片来源：软件界面截图上自绘

1——菜单栏，包括文件、设置、视图、运行、选项等。不同的选项可以进行不同的具体操作。

2——快捷菜单，通过此菜单按钮可快速创建新的界面及保存工作界面。

3——工具栏，用于直接对模拟区域各物体进行移动、视图转换等，可通过快捷按钮直接进入网格划分、模拟参数等设置界面。

4——模拟主界面，作为模拟操作及结果显示的主要界面。

对于软件基本界面的熟悉是作为建筑规划设计师们运用该工具的基础，可以更利于设计师运用该软件对整体城市或者建筑室内进行环境模拟，从而达到最终改善城市环境的目的。

10.4　Phoenics 模拟过程

10.4.1　建立模型

简单的模型可在 Phoenics 中直接建立，复杂的模型可在 CAD（或其他建模软件）中先建立然后导入，须注意导入单位统一为米。在设置菜单下选择新建物体，在出现的界面上设置物体属性、尺寸、位置等，创建一个简单单体（图 10.2），为后续模拟做好准备。

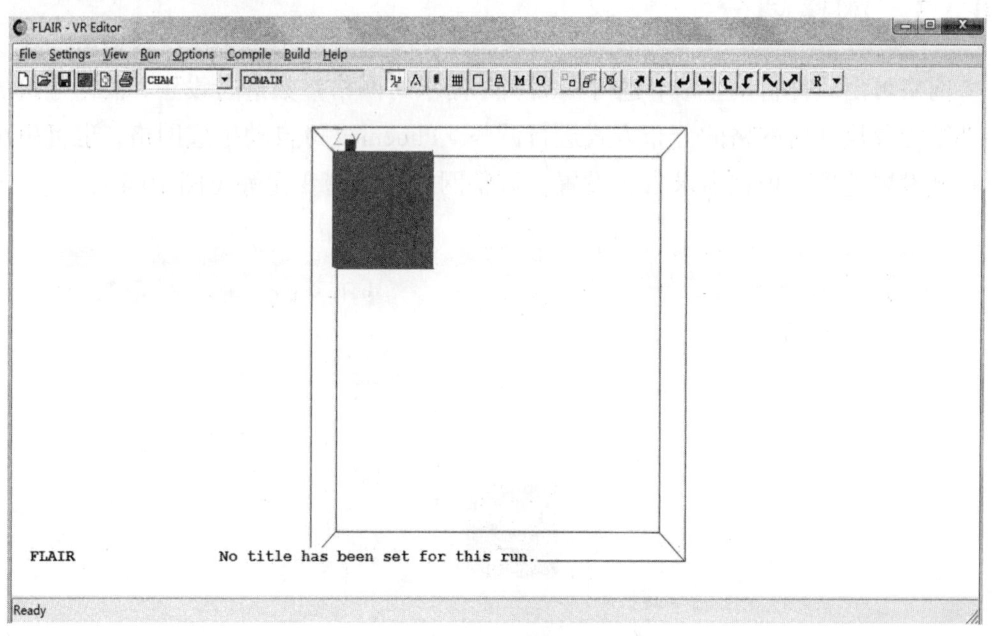

图 10.2　模型创建界面

图片来源：软件界面截图上自绘

10.4.2　计算区域设置

对于计算区域及模拟区域的参数（大小、尺寸）进行设置。一般要求模拟范围要大于计算区域，常规情况在计算区域的 3～5 倍（图 10.3），这样更利于模拟的精确度，为最后的设计提供更优良的方案措施。

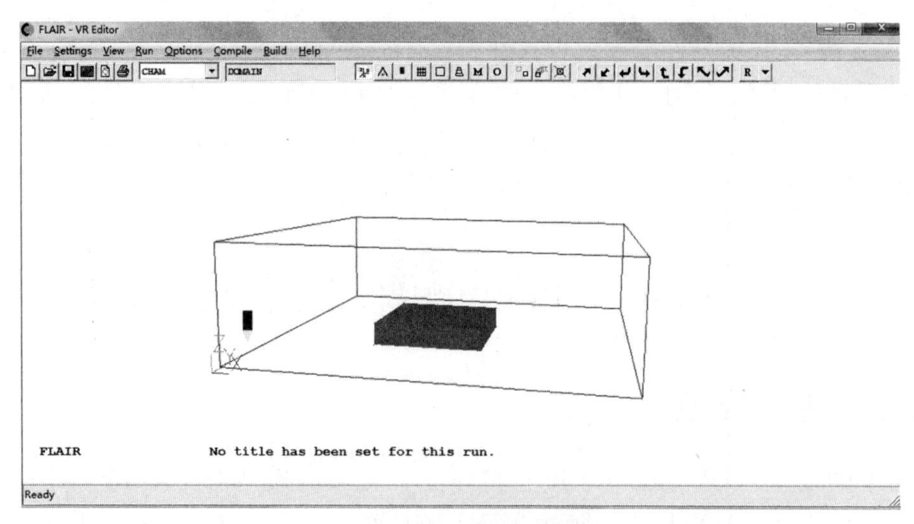

图 10.3　计算区域设置界面

图片来源：软件界面截图

10.4.3　网格划分

网格可由软件自动生成，也可根据实际需求对网格参数进行设置，根据建筑的细部结构及尺寸对网格的分布方式进行调整。Phoenics 可自动生成网格，也可由用户在域设置选项下根据需求自己设置，调整网格的疏密变化等（图 10.4）。

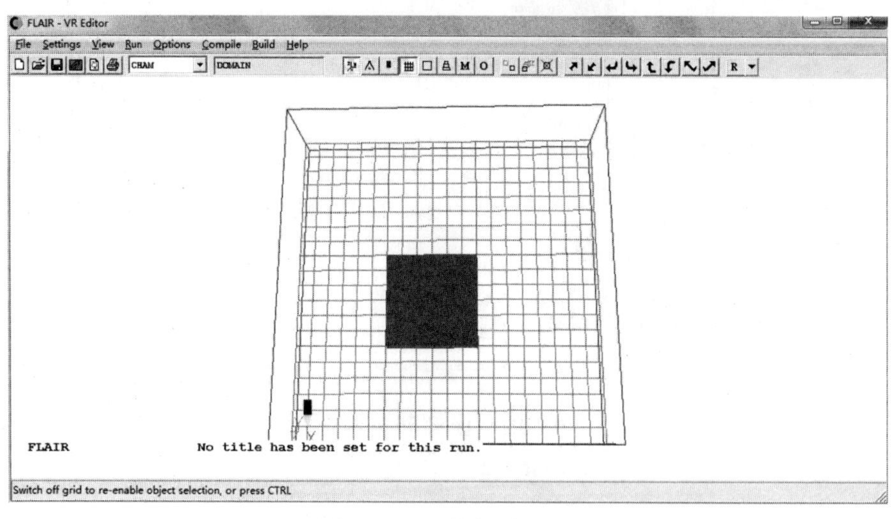

图 10.4　网格划分界面

图片来源：软件界面截图

10.4.4　求解器计算

在完成边界条件及网格设置后设定收敛次数，进行计算。在域设置菜单下选择次数，可设置迭代次数，然后在运行菜单下选择计算，软件会自动跳转到计算界面，按任意键暂停计算，可选择计算结束或者继续，计算完成后自动关闭界面（图 10.5）。

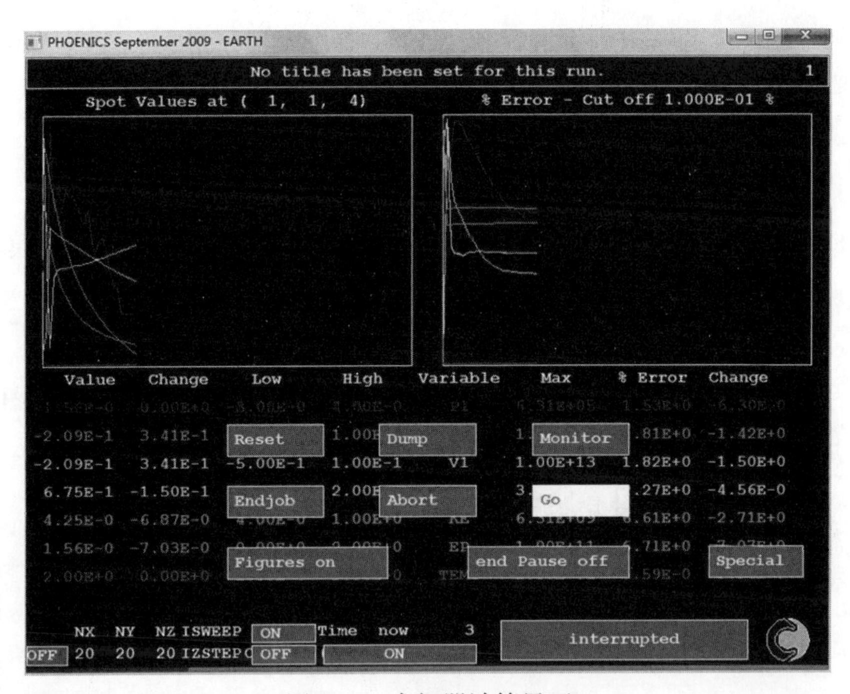

图 10.5　求解器计算界面

图片来源：软件界面截图

10.4.5　后处理

对计算结果进行查看，在运行选项下选择后处理，可查看云图、速度矢量、等值面、流线、压力、温度等在计算域中的分布情况（图 10.6）。

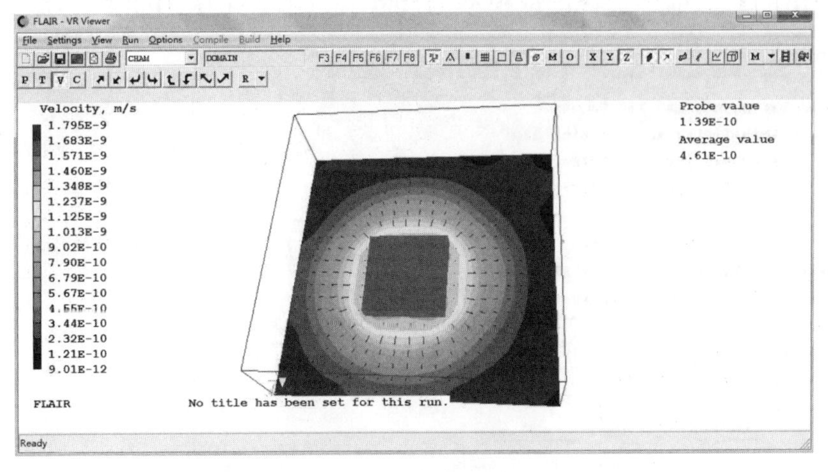

图 10.6　后处理界面

图片来源：软件界面截图

10.5 操作案例

以室外风环境的模拟为例进行 Phoenics 操作流程介绍，本案例使用模型为某高校学生住宿区。

10.5.1 打开 Phoenics-VR

在 File 菜单下选择 start new case，在弹出的对话框中选择 FLAIR 模块。

10.5.2 setting 菜单选择 new—new object

在界面中选择文件类型为 STL 格式，选取须导入模型后单击 OK 按钮(图 10.7)。

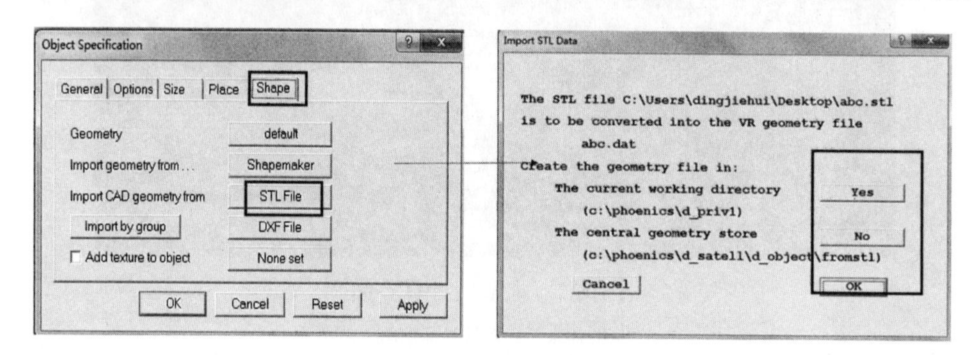

图 10.7 菜单界面图 1

图片来源：软件界面截图上自绘

10.5.3 尺寸、位置选择

在弹出的对话框中选择读取模型的尺寸、位置等（图 10.8）。

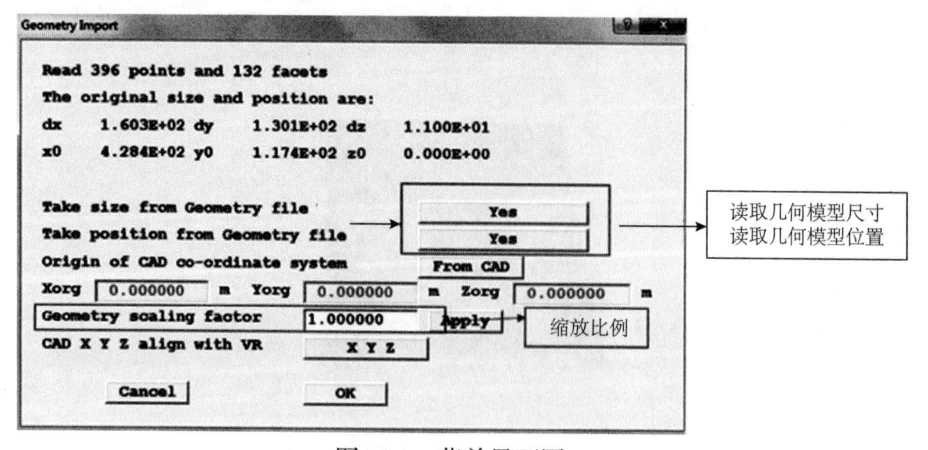

图 10.8 菜单界面图 2

图片来源：软件界面截图上自绘

单击 OK 按钮后进入 VR 主界面，如不能正常查看，可在菜单栏下选择 R，在子菜单里选择 fit to window（图 10.9）。

图 10.9　菜单界面图 3

图片来源：软件界面截图上自绘

10.5.4　创建风环境

在 setting 菜单下选择 new—new object，按照下图设置建立风环境。设置风速、风向等参数，Profile Type 选项设置为 Power Law（图 10.10）。

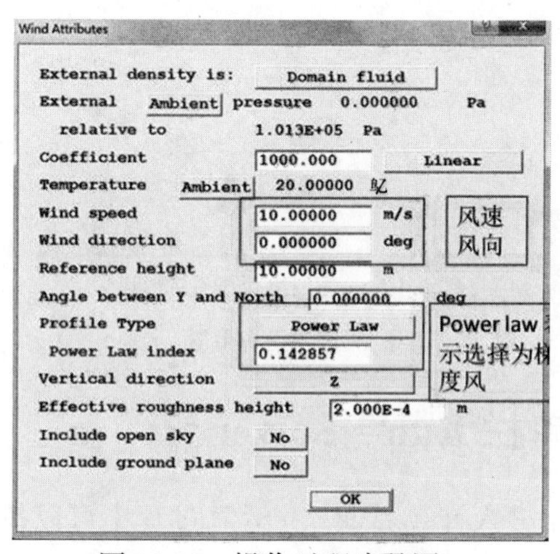

图 10.10　操作过程步骤图 1

图片来源：软件界面截图上自绘

10.5.5　网格划分

在 VR Editor 面板中单击自动生成网格，然后在 Menu 菜单下选择 Geometry，进行网格设置（图 10.11）。

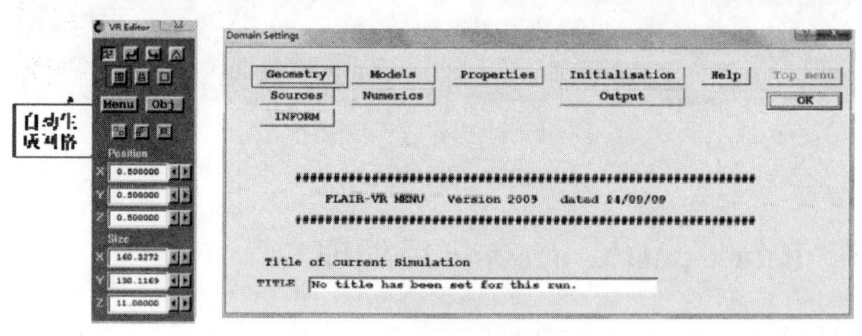

图 10.11　操作过程步骤图 2

图片来源：软件界面截图上自绘

10.5.6 设置收敛次数

一般根据建筑细部尺寸及网格划分程度，几百次到几千次不等（图 10.12）。

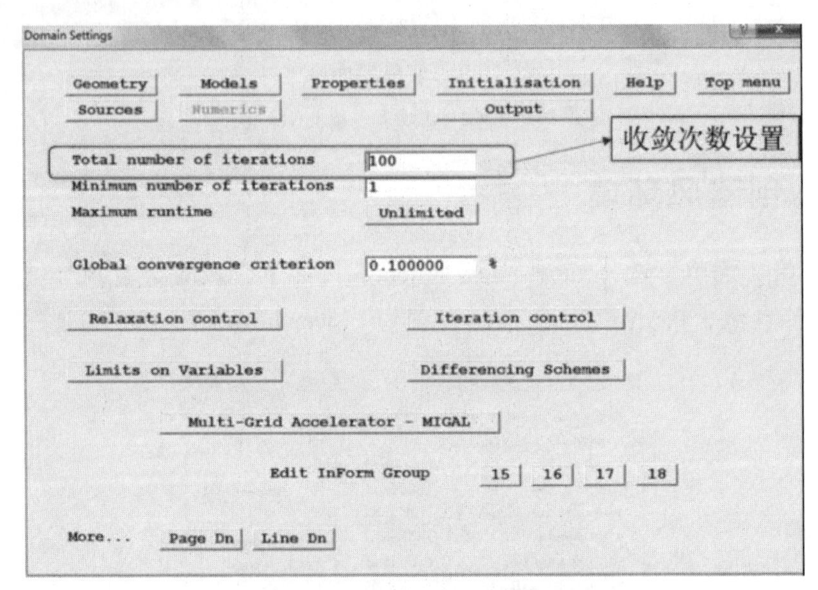

图 10.12 操作过程步骤图 3

图片来源：软件界面截图上自绘

10.5.7 选择菜单栏 Run—Solver

选择 Run—Solver 进入计算界面，在运算过程中可以按任意键，选择 Endjob 提早结束运算（图 10.13）。

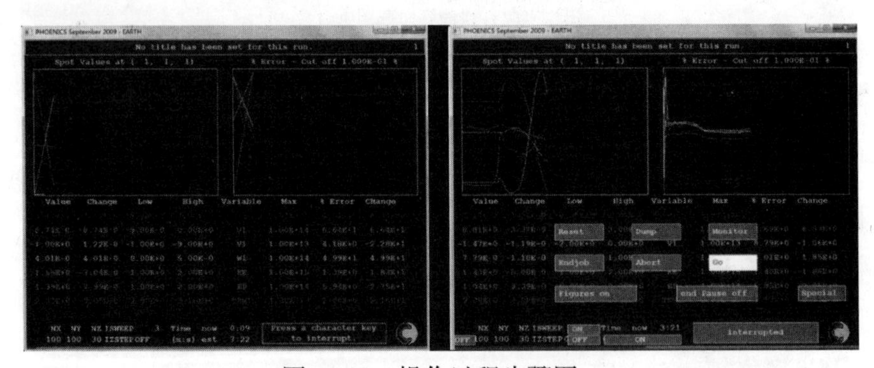

图 10.13 操作过程步骤图 4

图片来源：软件界面截图上自绘

10.5.8 Run—post processor 后处理

菜单栏 Run —post processor 进行后处理，选择 GUI post processor 可查看结果（图 10.14）。

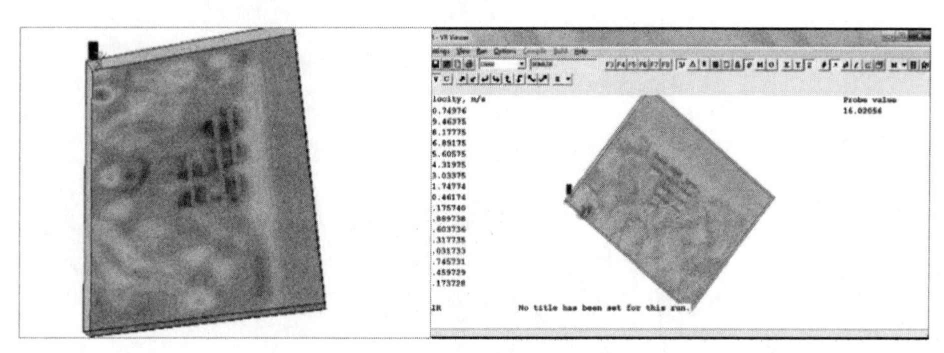

图 10.14　云图结果界面

图片来源：软件界面截图

10.5.9　保存

save as a case 可以保存整个运算，save as window 可以保存当前结果为图片。

通过实际案例的操作模拟可以看出 Phoenics 对于场地的环境模拟使得更直观地了解具体的模拟结果，清晰地得知哪一块区域的风环境等存在不利于人们的生活、工作、学习等问题，直接对其问题提出解决方案措施来实现环境的改善，最终达到改善城市环境的目的，使城市朝着更可持续的方向发展。

参考文献

[1] 吕丽娜, 王雅玲, 赵军凯. 天津某高层建筑群室外风环境模拟分析[J]. 节能, 2017, 36(5): 37-41.

[2] 徐进欣, 薛一冰, 范斌. 基于 PHOENICS 的住区室外风环境数值模拟研究: 以潍坊市某小区为例[J]. 建筑节能, 2015, 43(9): 67-70.

[3] 王菲, 肖勇全. 应用 PHOENICS 软件对建筑群风环境的模拟和评价[J]. 山东建筑工程学院学报, 2005, 20(5): 39-42.

[4] 金铭. 济南某大学校园室外热环境模拟研究与优化策略[D]. 济南: 山东建筑大学, 2017.

[5] 赵炎. 住宅小区室外热环境的实测与模拟[D]. 重庆: 重庆大学, 2008.

[6] 冯源. 山地城镇室外热环境的模拟与预测[D]. 重庆: 重庆大学, 2005.

第 11 章　Ecotect 软件及操作案例

11.1　Ecotect 概述

11.1.1　公司名称、软件用途

Ecotect 是一款比较全面的分析软件，侧重小尺度的建筑分析，分析的范围很广，可以对规划与室内的可视度分析，太阳辐射、日照时间、采光、声学分析，还可以做遮阳的优化设计。

具有友好的三维建模界面，提供了非常广泛的性能分析和模拟功能，与常用的辅助软件，如 SketchUp、AutoCAD、Revit 及 ArchiCAD 有一定的兼容性。分析结果可以图示化显示，可以把复杂枯燥的图表用各种各样彩色图表表达出来，提高了可读性。

11.1.2　学者使用软件做出的成果

张泽平等将传统民居斯宅千柱屋建筑空间的体感舒适度进行量化评估，发掘可取与不足之处，并提出可优化和改良建议[1]；谢斌等利用 Ecotect 软件对方案进行模拟分析，促进建筑的节能效果[2]；林笑兰等借助 Ecotect 软件对建筑进行遮阳优化设计，并分析了对建筑的采光、视野、空调能耗的综合影响[3]。Ecotect 作为一个全面的技术性能分析软件，辅助设计师优化了方案，做出了众多的成果，并且与 BIM、Radiance 等软件结合分析。

11.2　基本界面

11.2.1　主菜单栏

主菜单栏（图 11.1）主要包含 11 个命令：File（文件）、Edit（编辑）、View（视图）、Draw（绘制）、Select（选择）、Modify（修改）、Model（模型）、Display（显示）、Calculate（计算）、Tools（工具）、Help（帮助）。

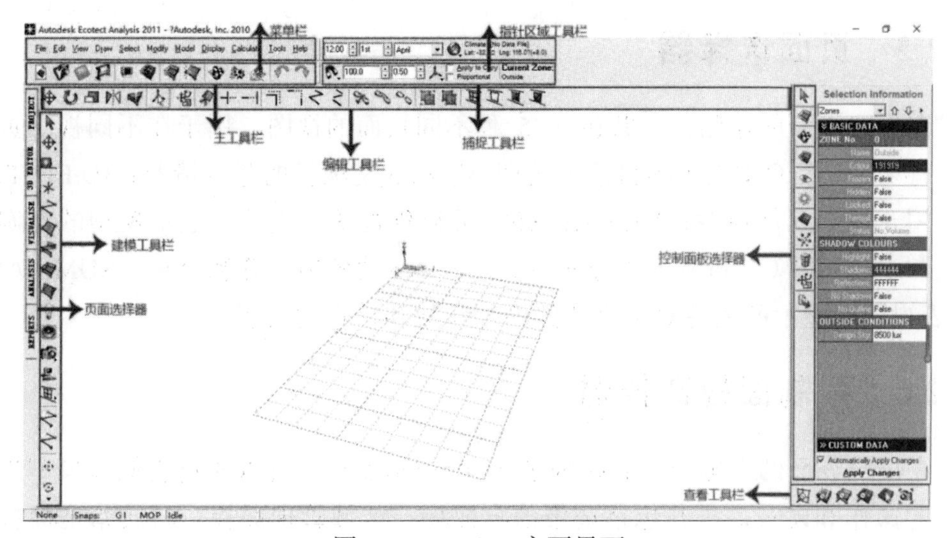

图 11.1　Ecotect 主要界面

图片来源：软件界面截图上自绘

File 主要包含打开文件、新建文件及导入模型的一些相关命令。Edit 主要是针对模型的编辑的一些命令。Modify 包含模型修改、创建网格的相关命令。Display 包含各种计算完成之后的显示模式。Calculate 包含太阳辐射分析、日照时间分析、声学分析等各种数据分析和计算。Tools 包括软件中自带的一些外部工具，如 weather tool。

11.2.2　工具栏

主要工具栏包括新建、打开、保存及打印部分标准命令，以及全局设置对话框的启动命令。主要有 Preferences（自定义设置）、Model Settings（模型设置）、Zone Management（区域管理器）、Model Inspector（模型查看器）、Material Properties（材质属性）、Schedule Editor（时间表管理器）、System Settings（暖通空调系统管理器）7 种管理器。自定义设置主要是关于全局的初始设置；模型设置主要是模型的相关设置和参数；材质属性主要用于调整和设置材料的构造。

11.2.3　建模工具栏

建模工具栏位于 3D EDITOR（三维编辑页面）的左侧，主要包含建模与添加构件的各项命令按钮，以及选择、修改和查看的命令按钮等。

11.2.4　编辑工具栏

编辑工具栏位于 3D EDITOR 的正上方，包含以交互方式编辑和修改三维建筑模型的各项命令按钮。

11.2.5 页面选择器

在用户界面的左侧，一共包含 5 种不同页面的视图，用于在不同视图页面间进行切换。PROJECT（项目信息视图）显示的是项目的基本情况；3D EDITOR 主要用于建立几何模型；VISUALISE（可视化视图）主要是显示模型的真实效果；ANALYSIS（分析视图）显示的是 Ecotect 的各项计算和分析；SUMMARY（报表视图）显示的是各对象物体的详细参数和信息的报表。

11.2.6 控制面板选择器

在用户界面的右侧，一共排列了 11 个控制面板，可以通过它们对模型进行快速的操作和设置。一共包括选集信息面板、区域管理面板、材质指定面板、显示设置面板、可视化设置面板、投影设置面板、分析网格面板、声波线和粒子面板、参数化物体面板、物体修改面板、输出管理器面板。

11.2.7 区域/指针工具栏

此工具栏主要用于设置时间、日期、地理经纬度，另外可以导入气象数据。导入的气象数据是 cswd 格式的气象数据格式。做分析的前提就是导入该地区的气象数据，设置一个指定的时间和日期。

11.3 主要功能

11.3.1 Weather tool

Weather tool 是 Ecotect 中重要的一个气候分析小工具，主要是对一个城市的地理位置、温湿度、风速做比较分析，从而更有利于规避不好的气象因素影响，使得做设计时更有效、更加有利。

Weather tool 包含 LOCATION DATA（地理数据）、SOLAR POSITION（日轨分析）、PSYCHROMETRY（焓湿图）、WIND ANALYSIS（风分析）、HOURLY DATA（逐时数据）、WEEKLY DATA（逐周数据）、MONTHLY DATA（逐月数据）7 项分析工具。

（1）LOCATION DATA 面板包含了所载入气象数据的名称、经纬度、时区、海拔与天空照度等信息，下面介绍 3 个常用的分析工具。

（2）SOLAR POSITION 包含了 display type（显示类型）、data/time、daylight saving（夏令时）、orientation（方向）、solar radiation（太阳辐射）、best orientation（最佳朝向）。其中 solar radiation（太阳辐射）主要是针对建筑朝向的太阳辐射

的对比，best orientation（最佳朝向）是规避过热期和过冷期辐射量而形成的一个最佳朝向，适用于建筑与规划布局设计。

（3）PSYCHROMETRY 提供了功能强大的焓湿图分析功能，可以根据气候数据在焓湿图中对各种主动、被动式策略进行分析。Weather tool 采用了类似建筑气候设计分析图的方法，将 passive solar heating（被动式太阳能采暖）等 6 种被动式策略与设备调控的主动式策略表示在了焓湿图上。passive solar heating 包含 passive solar heating、thermal mass effect （高热容材料）、mass+night ventilation（高热容+夜间通风）、natural ventilation（自然通风）、direct evaporative cooling（直接蒸发降温）、indirect evaporative cooling（间接蒸发降温），除了在焓湿图中能够体现出来之外，还可以选择全部被动式策略，各种被动式策略的总效果会呈现在逐月图表中。

11.3.2　可视度分析

可视度分析主要包括规划可视度分析和室内视野分析，可视度主要指可见程度。规划可视度分析经常用于城市设计中对于标志性建筑的可见程度，室内视野分析用于分析室内空间对于室外视野的可见度。

基本步骤如下。

（1）选中规划中的某一个建筑，测量周围环境对该建筑的视野度。

（2）在模拟视野度的时候，需要划分网格。细化网格之后，然后进行计算，单击 Calculate（计算） —spatial visibility analysis（视野分析）。

（3）图 11.2 是可视度模拟分析结果，黄色说明视野度越好，蓝色说明视野被遮挡。

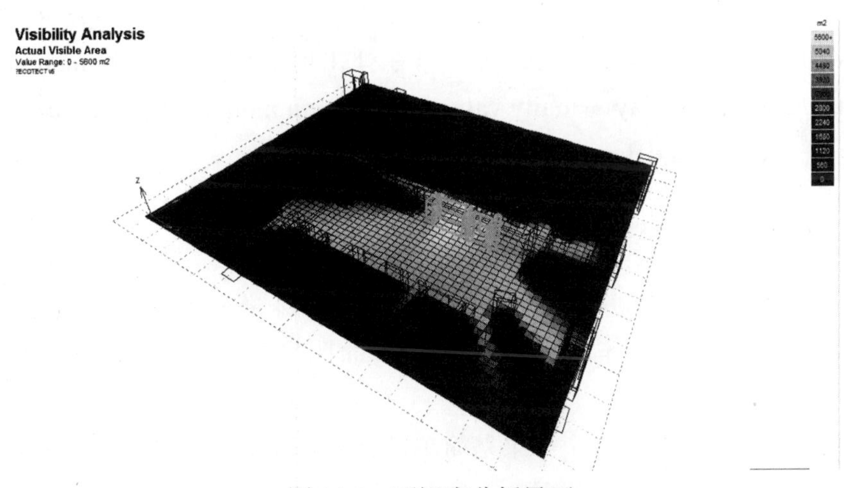

图 11.2　可视度分析界面

图片来源：软件界面截图

11.3.3 日照分析

1. 日照时间分析

（1）选中模型，一座建筑的南向墙，因为一般是计算南向墙的日照时间。

（2）在分析日照的时候，需要划分网格。单击 Modify（修改）菜单—Surface Subdivision（表面细化）—Rectangular Tiles（矩形面片）命令。

（3）细化网格之后，然后进行计算，单击 Calculate（计算）—Solar Access Analysis（时均太阳辐射和日照分析），在弹出的对话框中选择 Shading Overshadowing and Sunlight Hours（投影、遮挡和日照时间），单击 Skip Wizard（忽略向导）按钮，在接下来的对话框中，可以选择全年或者自定义的时间，另外勾选 Objected Only 复选框，软件就会计算全部显示物体的日照时间。

（4）单击 Display（显示）菜单—Objected Attitude Values（物体属性值）下拉菜单，在下拉菜单中可以让计算结构以 Atrrib1：Total Sunlight Hours（属性 1：日照总时间）、Atrrib2：Percentage Exposed （属性 2：日照百分比）、Atrrib3：Percentage Shaded （属性 3：遮挡百分比）等方式显示在细化的物体表面上。另外可以让物体表面显示 Text Values（数值）、Objeted Number（物体编号）、Vector（向量）、Colours（颜色）等内容。

2. 屋顶太阳辐射分析

（1）设置网格单击 Modify（修改）菜单—Surface Subdivision（表面细化）—Rectangular Tiles（矩形面片），该命令适合斜面坡屋顶。

（2）细化网格之后，然后进行计算，单击 Calculate（计算）—Solar Access Analysis（时均太阳辐射和日照分析），在弹出的对话框中选择 incident solar radiation —for current day —daily value —object in model（勾选 only use selected objects）— perfomed detailed shading calculation。

3. 可视化投影遮挡、日轨图分析

建筑物遮挡和投影分析，可以针对整个规划，也可以针对规划中某一个高层建筑；可以做具体一天中不同时刻的阴影变化，也可以做全年的阴影范围。

（1）首先导入建筑模型，如果是简单的建筑模型，也可以 Ecotect 中完成；其次是需要导入当地的气象数据，一般是 cswd 格式。

（2）进入 Visualise（可视化页面），进入可视化视图。

（3）进入 Shadow setting（阴影设置）面板，可以勾选 daily sun path （全天太阳轨迹）就可以显示出全天的太阳轨迹，还可以勾选 annual sun path（全年太阳轨迹），清晰地观察全年的太阳轨迹。如果只想观察某栋高层建筑的阴影变化的话，选中高层建筑，在 shadow setting（阴影设置）面板中勾选 selected objectes only（仅选定物体），即可仅显示这栋高层建筑的阴影。设置某一个日期，单击 show shadow range（阴影范围），即可以显示出这个日期的建筑的阴影范围。

4. 遮阳的优化设计

自动生成优化的遮阳构件是 Ecotect 一个很有特色的功能。

（1）打开需要设置优化遮阳构件的建筑。

（2）进入 shadow setting（阴影设置）面板，单击 display shadows，使建筑有阴影。

（3）选中一扇窗户，单击 calculate（计算）菜单—shading design wizard （遮阳设计向导），在弹出的对话框中选择 generate optimised shading device（生成优化的遮阳设施）单选项，并单击对话框左下角的 skip wizard （忽略向导）。在弹出的对话框中，shape generator （生成类型）下拉菜单中选择 optimised shading profile （优化遮阳曲线）：projection details（投射细节）下拉菜单中六种遮阳形式：rectangular shade （矩形遮阳）、optimised shade （on）（指定时间点）、optimised shade （until）（指定时间段）、surrounding shade （环绕式遮阳）、solar pergola（格栅遮阳）、node profiles（节点遮阳曲线）。另外还可以设置遮阳构件与窗户顶边的距离、窗户侧边的距离及遮阳构件翘起的角度，设置完成之后，单击 ok 按钮完成设置，然后遮阳构件就创建完成。这种形式和尺寸就可以保证夏季不再有阳光射入室内。

11.3.4　采光分析

光环境模拟主要包括自然采光模拟和自然采光+人工照明模拟。本书主要做到是自然采光模拟，设置步骤如下。

（1）导入建筑模型。

（2）开启 Element in current Model（材质管理器），检查材质的光学物理参数，主要包括透射率、反射率、折射率等。

（3）设置网格，与可视度分析和日照时间分析设置网格的方式是一样的。

（4）采光计算分析。在 calculations（计算栏）中选择 light levels，开始计算，在弹出的对话框中单击 skip wizard，一般在设置中选择高精度，天空条件选择 cie 全阴天，临界照度按照所在气候区的规定设置。

11.3.5 声学分析

Ecotect 中的声环境分析采用了经过简化的声线跟踪法，从建筑师的角度对室内声场的特点进行分析，主要应用于对剧院、影院的混响时间、几何声学等分析。

关联声波线分析是 Ecotect 的一种基于几何声学的分析功能，也是一种比较直观的方式。观察剧场的关联声波线的步骤非常简单，导入一个剧场的简单模型，选择反射板，单击鼠标右键，选择 acoustic reflector（声学反射体），然后点击 calculate（计算）中的 Linked Acoustic Rays（关联声波线分析），在弹出的对话框中勾选仅针对声学反射体。在实际的情况中，反射板的形态可能不是单一的平面，可以通过反射的简单调整，找到比较理想的反射板形态。

11.4 操作案例

11.4.1 目标对象的介绍

本节将模拟一座民居住宅的环境性能，该住宅设计在山东省泰安地区，属于我国的寒冷地区。该地区的设计策略以冬季保温为主，适当兼顾夏季防热问题，模拟模型如图 11.3 所示。

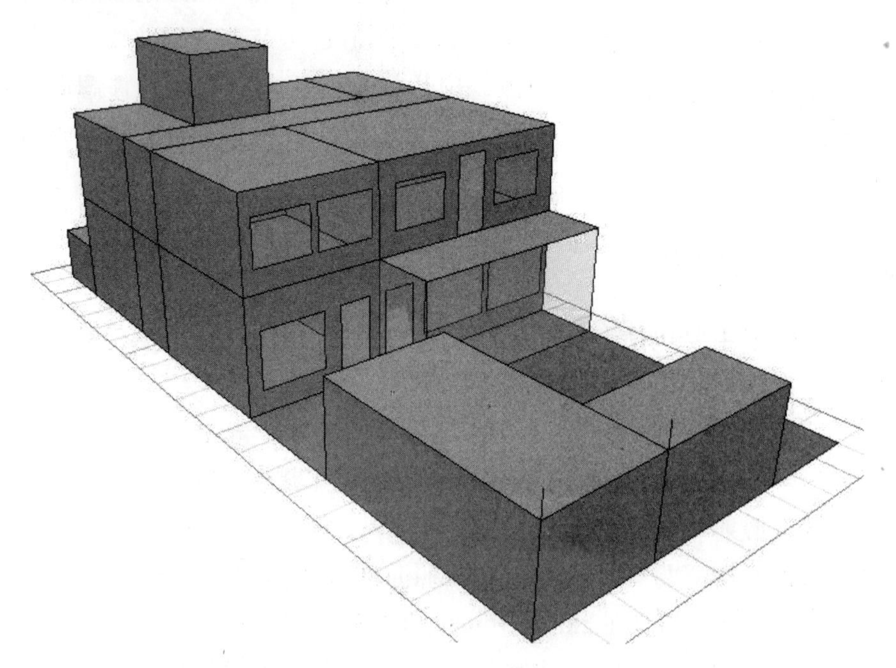

图 11.3 住宅的功能区块界面

图片来源：Ecotect 可视化界面截图

11.4.2　模拟的建模过程

1. 通过导入 2D CAD 图纸进行简单建模

Ecotect 建模时，其模型是以面的形式搭建而成的，通过导入建筑 CAD 图纸并使用软件自带的建模工具可以快速、准确地建立一些简单建筑模型。

（1）简化 CAD 图纸。利用 CAD 的图层功能，删除其中的定位轴线、家具装饰及相关文字注释图层，尽量简化图纸。过于复杂的图纸会给未来建模工作增加难度，并在执行各项分析时拖慢 Ecotect 的运行速度。

（2）将简化后的 CAD 保存成 DXF 格式然后导入到 Ecotect 中，进行简单的建模。

在 Ecotect 中建模需要考虑区域。区域是在 Ecotect 中进行分析的基本单元。区域也是所创建的各个模型图元的组织结构，一个颜色代表一个区域，如图 11.4 所示。

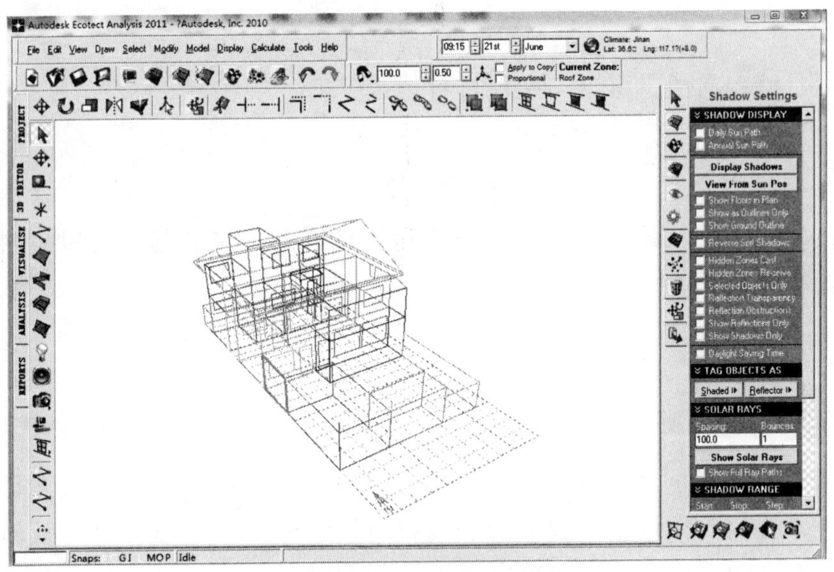

图 11.4　Ecotect 建模过程界面

图片来源：软件界面截图

2. 自定义属性设置

通常先从外墙开始建模，在默认的建模步骤中，可以确定每一面墙体的位置，再分别为每面墙体赋予墙体高度，也可以通过修改墙体的默认高度来简化该层墙体的建模步骤，无须在每面墙体时单独输入其高度。

3. 建模及图层管理

和 CAD 类似，Ecotect 中也设有图层的概念，便于使用者分层建模，并在未来工作中根据需要任意开关图层，在绘制墙体前要新建各墙体图层，在区域管理器里，新建“外墙”“内墙”“幕墙”图层。连续绘制墙体，直至外墙完整闭合，绘制完成之后将所绘制的墙体自动生产一个封闭的空间，即区域。

选中“幕墙”图层，选中要添加窗户的墙体，为幕墙添加子物体。在建筑的每一面墙体绘制外窗，直至符合建筑的实际外观。

外墙绘制完成之后，再新建图层“内墙”，将柱子和内墙放在一个图层里。

11.4.3 参数设置过程

1. 材质的设置

墙体、窗户、屋顶、楼板设置材质。材质的设置可以是自己设置的，也可以选择软件自带的。

2. 元素检查

看门、墙、内墙、窗户、屋顶材料是否正确。

3. 导入气象数据

导入泰安市的气象数据，如果没有相应地区的气象数据，可以去网上下载相应格式的文档。

4. 修改表面法线

Ecotect 中 surface normals（表面法线）是区分一个面内外的标志，一般情况下模型的表面法线都要朝外，这是正确计算日照、遮挡、热环境及光环境等内容的前提，可以单独调整少数面的法线方向，Ctrl+R 组合键，即可反转这个面的表面法线方向。或者全选，单击 modify（修改）、surface functions（表面调整功能）、uninfy normals of coincident surfaces（统一共面的法线方向）命令。

5. 区域属性

区域管理器中主要包括人数、设备的设置及时间表的运行时间，此外还包括系统类型，如图 11.5 所示。

（1）室内条件的设置主要包括衣着量、相对湿度、风速和室内照度。一般按照默认值来设置即可。

（2）人员与运行的设置包括人员情况、室内得热情况、渗透率的设置，主要按照建筑功能和建筑具体情况细节来设置。

（3）渗透率的设置主要包括换气率与环境附加换气率，按照默认值设置即可。

（4）热环境属性的设置主要包括暖通空调和运行时间。在此建筑设计中，因为是被动式建筑，所以设置空调。

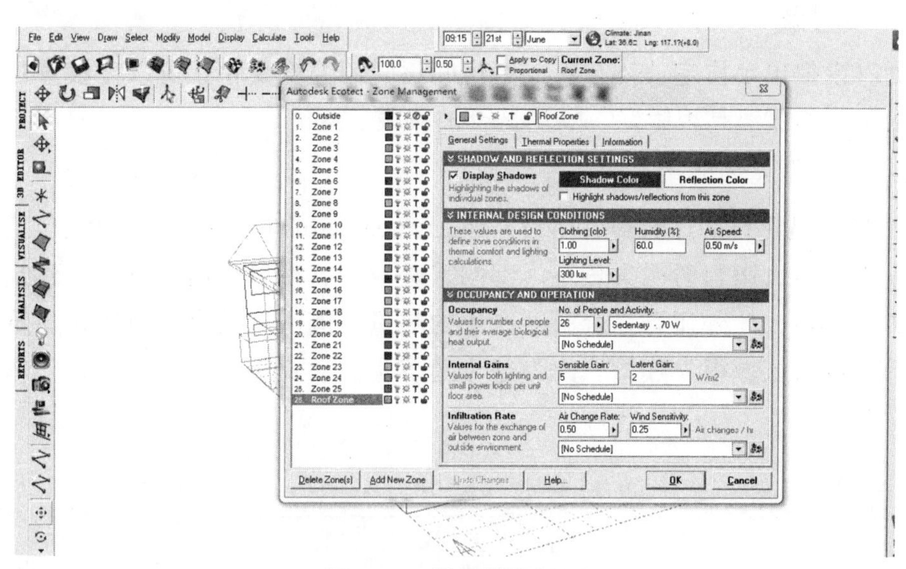

图 11.5　设置属性界面

图片来源：软件界面截图

11.4.4　模拟及结果分析

1. 室内可视度分析

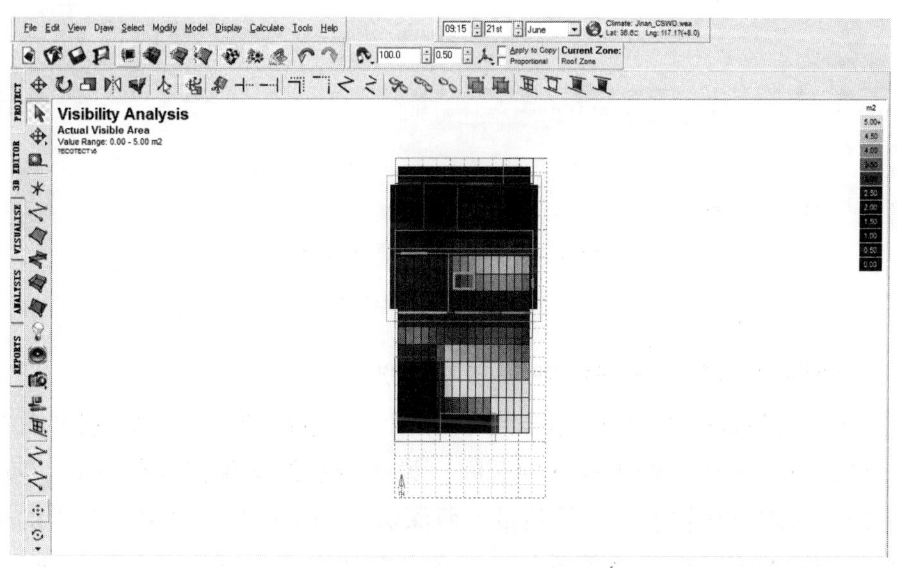

图 11.6　室内可视度分析界面

图片来源：软件界面截图

2. 热工分析

在 thermal calculation（热环境计算）下拉菜单中很多命令，分析关于建筑热环境的众多性能。

1）逐时温度分析

可以模拟出小住宅整体与每一个房间逐时的温度变化，可以比较直观简单地看出建筑的保温是否做好，隔热是否被兼顾。

2）逐时得失热量

图 11.7 是建筑的逐时得失热量（hourly heat gains/losses），主要是包括建筑的围护机构、太阳辐射得失热及内部的采暖空调、冷风渗透、设备、建筑各个区域的得失热，此外还有综合温度产生的热量，能够比较全面地反映建筑总体及各部分设备区域得失热量。因为这个建筑是被动式房间，所以采暖空调能耗几乎没有。

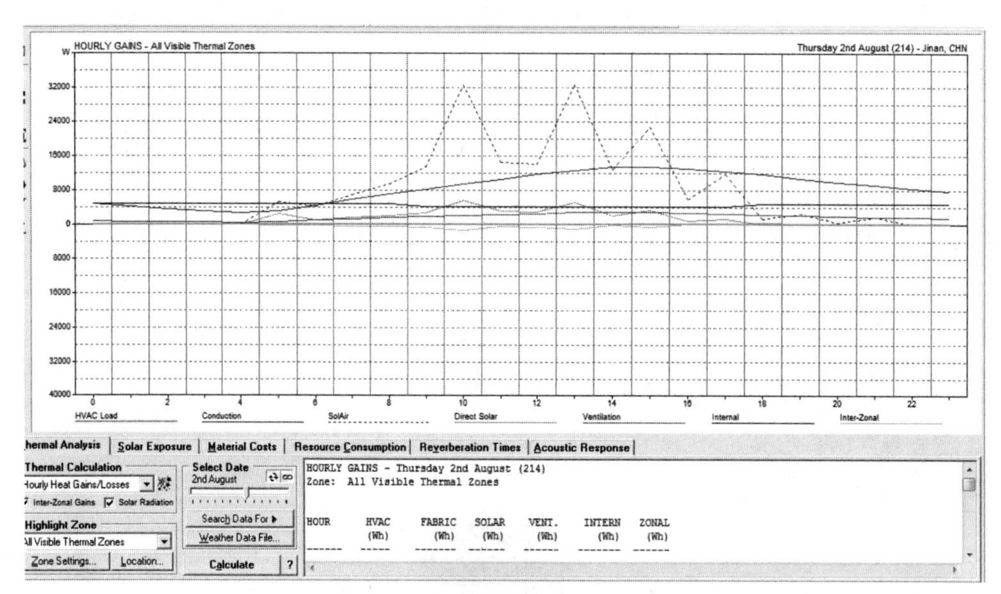

图 11.7　逐时得失热量分析界面

图片来源：软件界面截图

3）被动组分得热（passive gains breakdown）

图 11.8 是建筑的被动组分得热分析界面。红色部分表示的是围护结构的热传导，可以看出失热量处于较低的区间，说明围护结构保温性能良好。黄色部分表示的是太阳直接辐射产生的热量，而深黄色表示的是综合温度产生的热量，显然是与围护结构的保温有关系的，绿色部分则表示空气渗透的得失热量，与门窗的气密性有很大的关系。

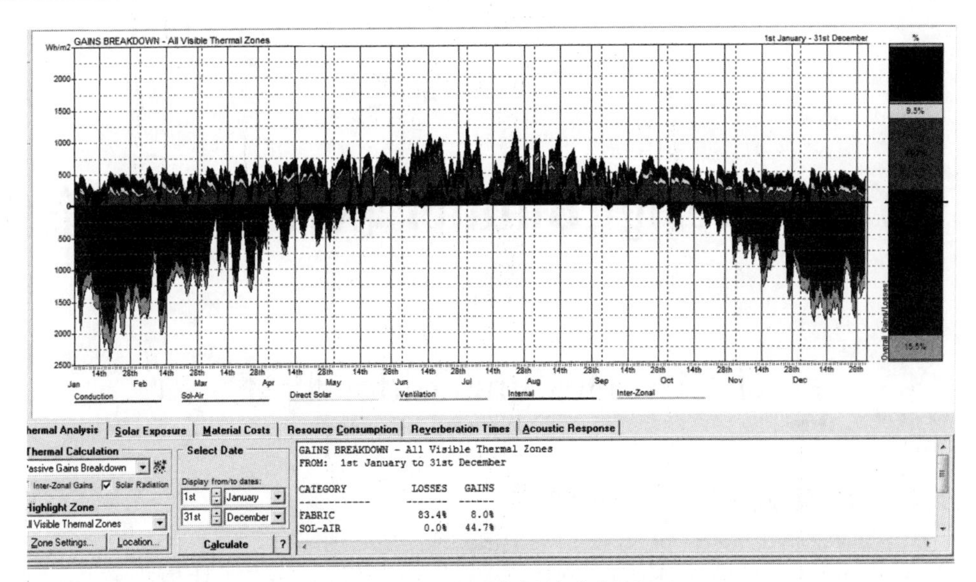

图 11.8　被动组分得热分析界面

图片来源：软件界面截图

4）逐月能耗/不舒适度（monthly loads/discomfort）

在这个区域中，没有设置空调，但是有设置人员，逐月不舒适度反映了建筑热环境质量。不舒适度分析的结果基本上和能耗模拟的分析结果相似，对冬季来说应该选用保温性能好的围护结构。

5）空间舒适度分析

在影响人体环境的热感觉因素中，温度是一个关键的指标，但是室内外环境要素的共同作用也很关键，Ecotect 的空间舒适度分析主要根据区域管理对话框中室内设计的衣着量、相对湿度、风速与计算得到的室内干球温度、平均辐射温度等 5 个指标得出 PMV 与 PPD，并将结果呈现在分析网格上[4]。

参 考 文 献

[1] 张泽平，何礼平. 基于 Ecotect 软件的斯宅千柱屋体感舒适度实证分析[J]. 建筑与文化，2018(1)：53-55.

[2] 谢斌，胡望社，姚建政. 基于 Ecotect 的建筑遮阳采光节能设计优化策略[J]. 建筑节能，2017(12)：44-50.

[3] 林笑兰，彭彦. 某绿色建筑裙楼的遮阳优化设计方案[J]. 绿色建筑，2017(4)：57-59.

[4] 柏慕进业. Autodesk Ecotect Analysis 应用教程：美国 LEED 认证和中国“绿色建筑评价标识”认证实例[M]. 北京：电子工业出版社，2013.

第12章　DesignBuilder软件及操作案例

12.1　DesignBuilder概述

12.1.1　开发公司与软件用途

DesignBuilder是由英国DesignBuilder公司开发的一款能耗模拟软件，它主要是以EnergyPlus为核心而开发的[1]。EnergyPlus虽然是一款优秀的建筑能耗模拟计算软件，但是它的操作界面很不友好。因此，不少公司就基于EnergyPlus的源代码进行二次开发。与EnergyPlus相似，在DesignBuilder中输入项目区位、建筑围护结构参数、房间活动情况、照明情况、暖通空调系统等信息，DesignBuilder即可对建筑能耗、通风、采光等进行全年能耗模拟分析，并最终以直观可视的图表来呈现其计算结果。

12.1.2　使用现状

DesignBuilder由于友好的操作界面、高准确度的计算、强大的数据资料库、直观可视的模拟结果，在国内外正广泛地被应用于建筑设计过程中的各个阶段。郭辉等运用DesignBuilder对新武汉火车站的不同围护结构进行能耗模拟与比较[2]。程建杰等将DesignBuilder作为分析工具对不同玻璃幕墙的节能特性进行研究[3]。戴洁等使用DesignBuilder对中国馆的碳减排效益进行了评估[4]。孙贻昭等利用DesignBuilder进行了不同形式的门诊部庭院空间对建筑性能影响的研究[5]。

12.2　操作界面及主要功能

12.2.1　操作界面和主要按钮

本书将以DesignBuilder 4.6.0.015的软件版本进行介绍与分析模拟。图12.1是DesignBuilder的主要操作界面，主要由菜单栏、工具栏、视角调整、模型树、编辑

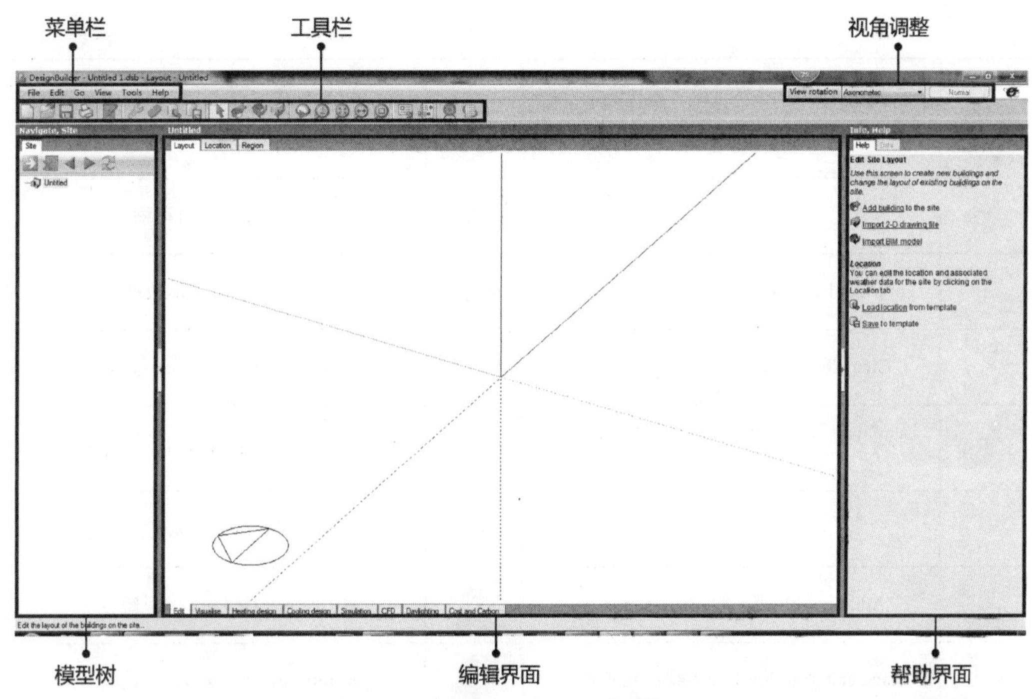

图 12.1　DesignBuilder 基本界面

图片来源：软件界面截图上自绘

界面、帮助界面六个部分组成。菜单栏主要包括 File（文件）、Edit（编辑）、Go（进行）、View（视图）、Tool（工具）、Help（帮助）。工具栏的按钮主要用于建模这一功能，表 12.1 列出了较为常用的按钮图标及其功能说明。视角调整区则设定了包括平面图、左视图、右视图等几种视角的选项，方便使用者在建模或者操作过程中快速转换常用的视图模式。编辑界面由上方标签栏、可视界面与下方标签栏三部分组成，其中上方标签栏包括 Layout（设计）、Activity（房间活动情况）、Construction（构造）、Openings（门窗洞口）、Lighting（灯光）、HVAC（暖通空调）、Generation（发电量）、Outputs（输出设置）、CFD（计算流体力学）；下方标签栏则包括 Edit（编辑）、Visualise（可视化）、Heating design（供热设计）、Cooling design（空调设计）、Simulation（模拟）、CFD（计算流体力学）、Daylighting（日照分析）、Cost and Carbon（碳排量）。可以说，上方标签栏主要用于参数设置，而下方标签栏主要用于各项性能的模拟计算。帮助界面会给予一些信息提示来帮助完成各参数的设置。

表 12.1　DesignBuilder 工具栏常用按钮功能说明

图标	功能说明	图标	功能说明
	Open new file（新建）		Zoom in/out using mouse（放大/缩小）
	Open existing file（打开）		Fit to screen（适应屏幕大小）

续表

图标	功能说明	图标	功能说明
	Save file（保存）		Pan window（平移）
	Print（打印）		Zoom window（窗口缩放）
	Model options（模型选项设置）		Export data（导出数据）
	Clear to Default（恢复至默认值）		Compile report（汇编报告）
	Load data from template（从模板下载数据）		Move selected object（移动）
	Select（选择）		Clone selected object 复制）
	Add new block（增加一个新块）		Mirror selected object（镜像）
	Place construction line（绘制构造线）		Rotate selected object（旋转）
	Measure length，angle or area（测量长度、角度或面积）		Stretch object（拉伸）
	Dynamic orbit（旋转视角）		Delete object（删除）

12.2.2 主要功能

（1）可视化功能。单击标签栏中的 Visualise 选项，即可进入可视化模式，界面中会显示模拟的场地与建筑阴影及太阳轨迹。

（2）能耗模拟。DesignBuilder 在能耗模拟方面采用了 Energyplus 的核心技术，计算范围包括冷热负荷与全年能耗的计算。

（3）暖通系统分析。用户通过自行定义各个空间空调系统的设置，DesignBuilder 可以精确地模拟暖通系统的运行情况。

（4）流体力学计算。DesignBuilder 可以根据用户设置的建筑的开窗面积，对建筑流场、室外风环境进行模拟，以分析建筑室内的流场、温度场、舒适性、换气效率。

（5）日照分析。在日照分析方面，DesignBuilder 采用了 radiance 核心，可进行建筑平面的采光照度值和采光系数的分析。

12.3　操 作 案 例

12.3.1　案例相关背景

案例为高层旅馆设计，非真实项目，在下面的模拟中将基地位置设在武汉市。

12.3.2　模拟建模的过程

1. 项目区位设置

打开 DesignBuilder，单击 File—New project，也可通过快捷键 Ctrl+N 新建。出现如图 12.2 所示的 Add new project 的窗口，可以根据项目情况进行区位的设置。首先单击 Location 这一栏，在右边的 Location templates 界面中找出 CHINA—WUHAN 并双击，确认 Location 这一栏中已显示为 WUHAN 后，单击 OK 按钮，完成了对项目区位的设置，且新建了一个项目文件。

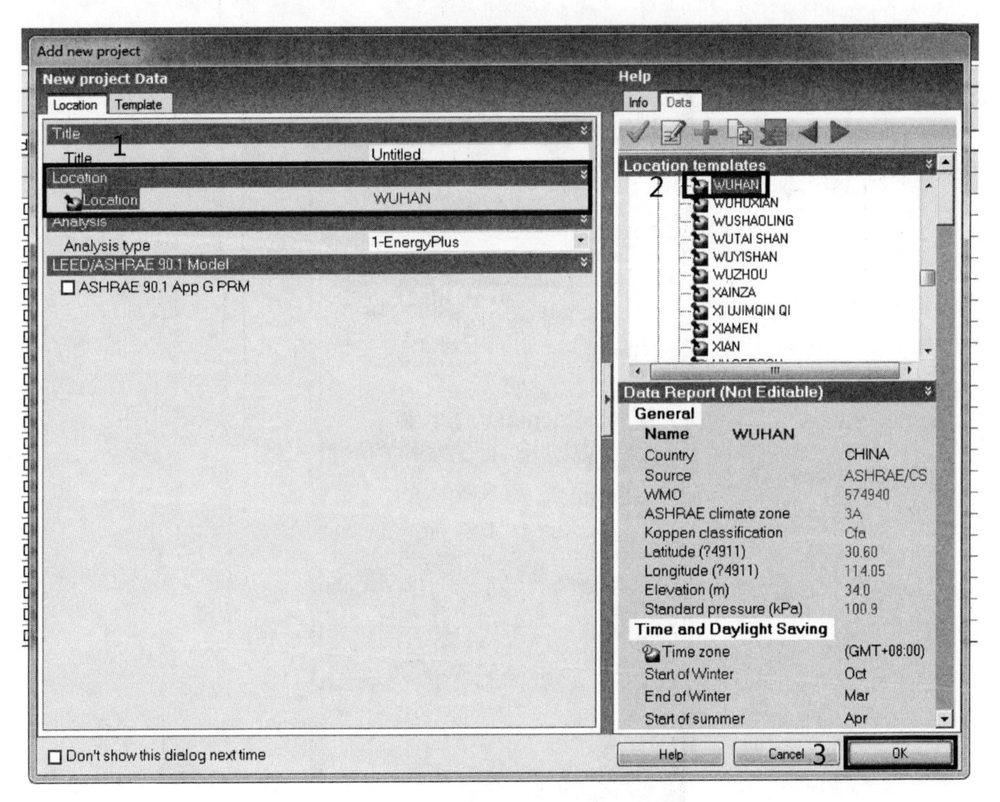

图 12.2　设置项目所在位置界面

图片来源：软件界面截图上自绘

2. 导入参照图纸

在建立建筑模型之前，先将已绘制的 CAD 平面图纸导入至 DesignBuilder 中，作为建模参照。但需注意几点：①要将 CAD 另存为.dxf 格式，才能导入至 DesignBuilder 中；②文件保存路径中不得有中文。

导入参照图纸的具体操作步骤为：①单击菜单栏中的 File，然后选择 Import—Import 2-D drawing file。②在出现的窗口中，单击 Filename 这一栏，弹出文件打开窗口，选择要导入的 DXF 文件。将 Units 这一栏的单位改成 2-Millimetres，与 CAD 图纸的单位保持一致，单击 Next 按钮，单击 Finish 按钮，就完成导入了参照图纸的导入步骤。

3. 建立建筑模型

导入 DXF 参照图之后，开始在 DesignBuilder 中建立建筑模型。选择工具栏中 Add new building 的图标，也可以输入快捷键 Ctrl+A。接着在界面右下角的 Drawing Options（图 12.3）中进行设置，将 From 设置为 1-Extruded，即墙体形式为外墙；将 Height 设置为 3.9，即层高 3.9 m。层高参数设置完成之后，即可沿着导入的参照图进行外墙轮廓线的绘制。

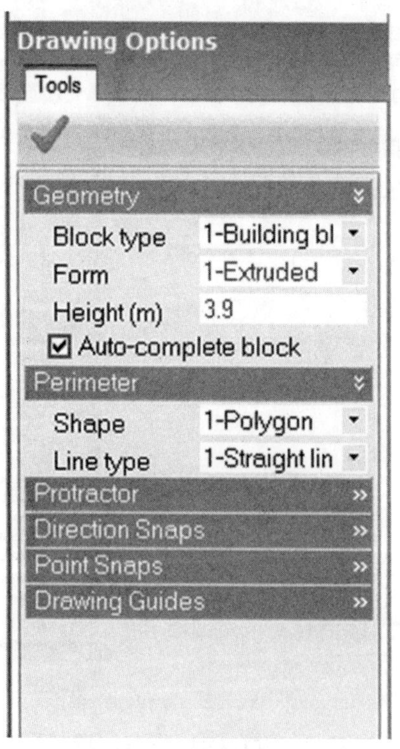

图 12.3 设置层高界面

图片来源：软件界面截图

如图 12.4 所示，双击模型树模块中的 Block1，进入建筑层级 block level，将右上角的 View rotation 设置为 Plan，使模型进入平面图状态以方便下一步的内部房间划分。单击上方菜单栏的 Draw partition 图标后，关闭左下角 Drawing Options-Point Snaps 中的 DXF snap 选项防止 DXF 中过多自动捕捉干扰，沿着内墙中心线划分房间区域。绘制完成后，可对模型树模块中的房间名称进行修改，但需注意房间名称中不可出现中文与特殊符号。回到三维的视图模式，就可以看到这一层平面的基本体块模型已建好。

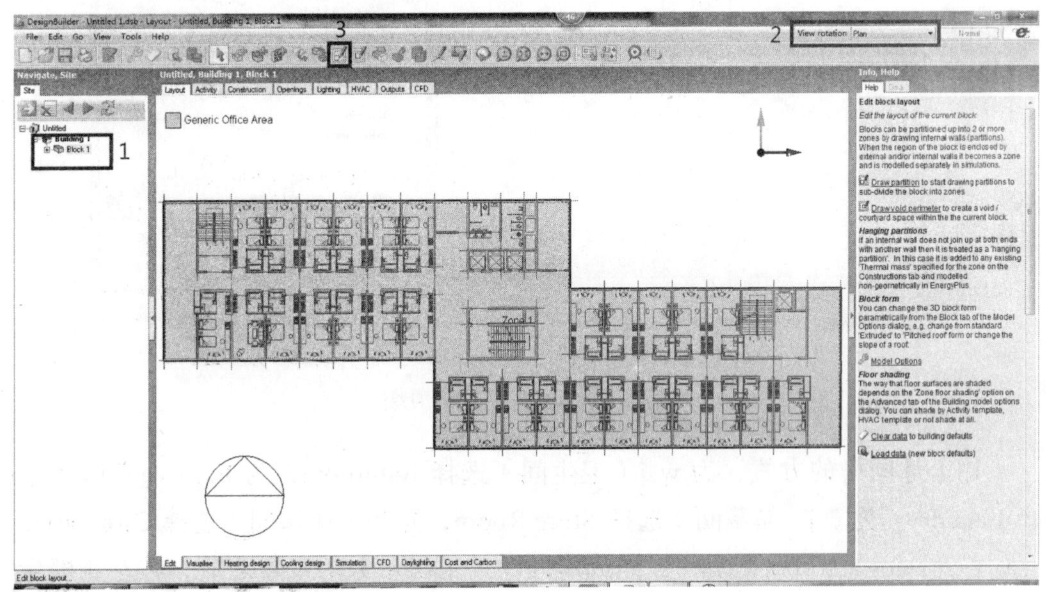

图 12.4　俯视状态下的 block level 界面

图片来源：软件界面截图上自绘

12.3.3　参数设置过程

1. Activity 房间活动情况设置

DesignBuilder 中提供了多种不同功能空间的房间活动情况模板。具体步骤是：①选择进入上方标签栏中的 Activity 面板，单击工具栏中的 Load data from template 图标；②选择所有的客房空间（所有命名为 kf 的 Zone），并切换到如图 12.5 所示的 Load data 面板，双击 Activity 一栏下方的 Generic Office Area，右边帮助界面将会切换成 Activity templates 窗口。从该窗口中找到 Hotels 文件夹下的 Bedroom Only 并双击，修改完成后单击 OK 按钮，就完成了对客房空间的房间活动情况设置。

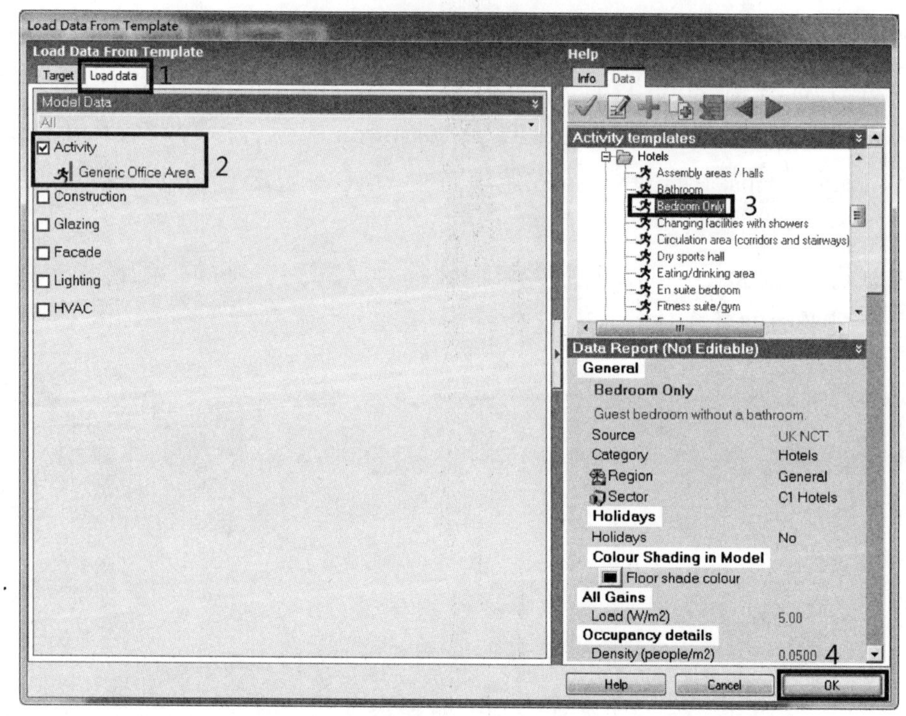

图 12.5 Load data 面板中找出对应的房间赋予其热参数页面

图片来源：软件界面截图上自绘

用上述同样的方式，为 wsj（卫生间）选择 Bathroom，为 bcj（布草间）选择 Laundry，为 ccj（储藏间）选择 Store Room，为 ltj（楼梯间）选择 Circulation area（corridor and stairways）。完成房间活动情况参数的设置之后，在左侧模型树面板中单击 Block1，进入 block level，可检查分区设置是否正确。

2. Construction 构造设置

1）墙体设置

如图 12.6 所示，单击进入 Construction 面板，单击 External walls 后的 Project wall，先单击右边面板中的 Create copy of highlighted item 图标，创建项目墙体，再单击右边面板中的 Edit highlighted item 图标进入编辑面板，对墙体的热工属性进行设置。

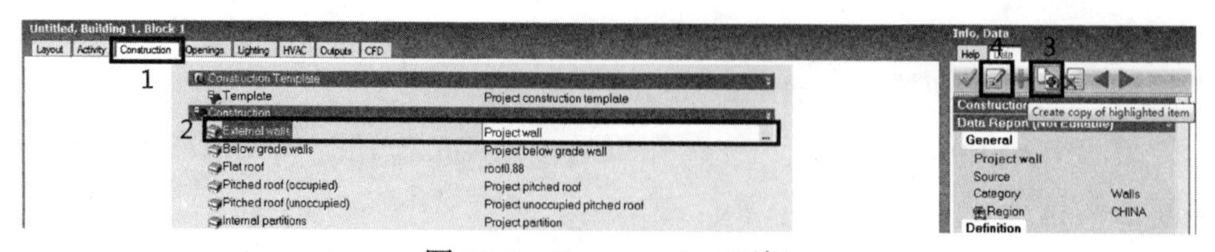

图 12.6 Construction 面板

图片来源：软件界面截图上自绘

查表得外墙的传热系数为 1.76。在编辑面板（图 12.7）中，将 Name 改为“waiqiang1.76”，单击右侧帮助面板中的 Set U-Value 链接。在所弹出的窗口中，输入外墙传热系数 1.76，单击 OK 按钮。设置完成后，单击 OK 按钮，就完成了墙体热工属性的设置。

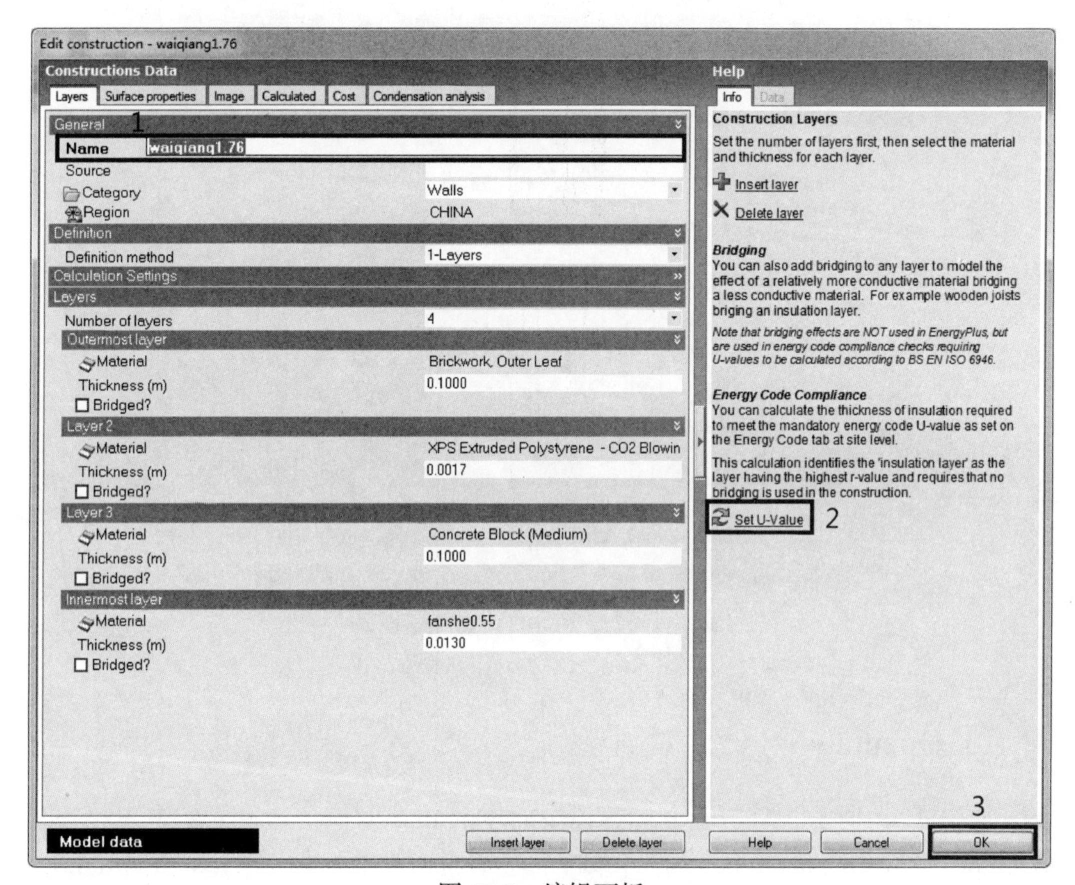

图 12.7　编辑面板

图片来源：软件界面截图上自绘

墙体参数设置完成后，单击左侧模型树面板中的 Building1，然后在 Construction 面板中选择 External wall，从右侧帮助面板中找出上面定义的“waiqiang1.76”并双击，即可将设置的外墙参数赋予模型中的外墙。

2）屋顶设置

查表得屋顶的传热系数为 0.88。同上面墙体设置方法一样，定义新的屋顶、设置其参数并将其赋予建筑。图 12.8 为设置完成外墙与屋顶参数后的界面，将界面中的建筑 Constant（换气系数）改为 0.3 次/h。

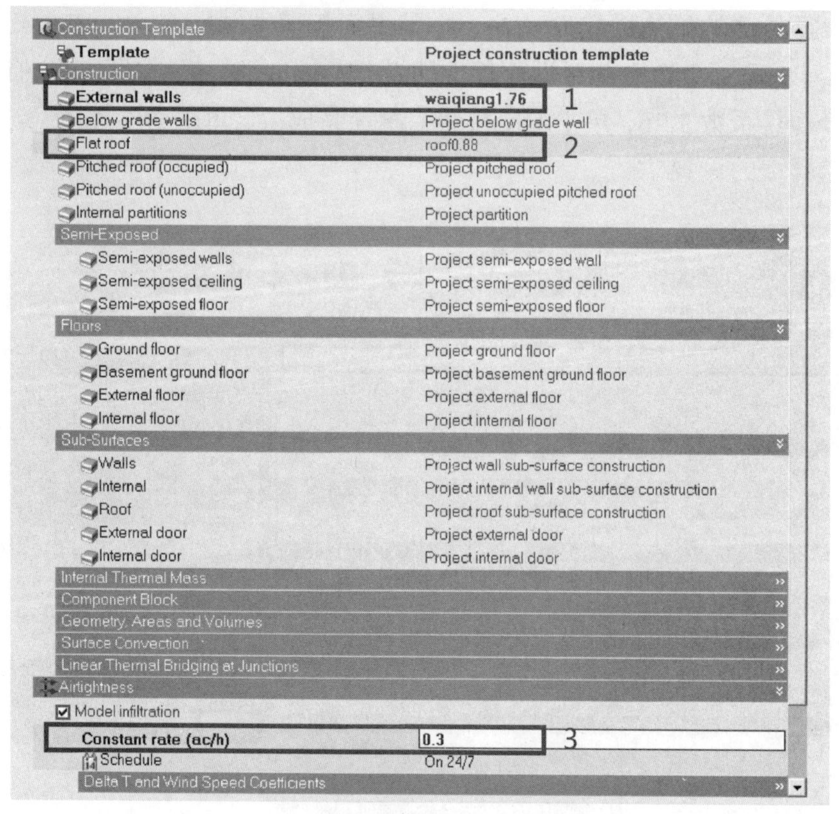

图 12.8 设置完成后的外墙与屋顶界面

图片来源：软件界面截图上自绘

3. Openings 门窗洞口设置

如图 12.9 所示，单击上方标签栏中的 Opening 面板，选择面板中 External Windows 下的 Glazing type 一栏，单击右边面板中的 Create copy of highlighted item 图标，随后单击 Edit highlighted item 对创建的窗户进行设置。查表得窗户的可见光透射比为 0.71。在弹出的窗口中，将 Name 改为 C1，Definition method 改为 2-Simple，Simple Definition 下的 Total solar transmission 改为 0.6525、Light transmission 改为 0.71、U-Value 改为 4，单击 OK 按钮完成设置。若项目中有多种窗户类型，用同样的方法继续添加 C2 并完成设置。

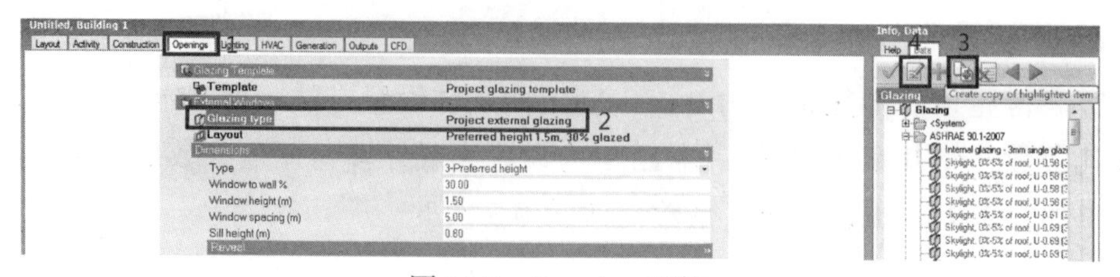

图 12.9 Opening 面板

图片来源：软件界面截图上自绘

单击工具栏中的 Model options 图标，快捷键为 F11。单击进入 Display，勾选 Show imported floor plan at zone and surface levels，单击 OK 按钮，即可在 surface level 和 zone level 下显示 DXF 底图。如图 12.10 所示，单击左侧模型树面板中的 Building1，选择上方标签栏中的 Openings 面板，单击 External Windows 下的 Layout 一行，弹出对话框，选择 No glazing 并双击，即可将模型自带的窗户去除。

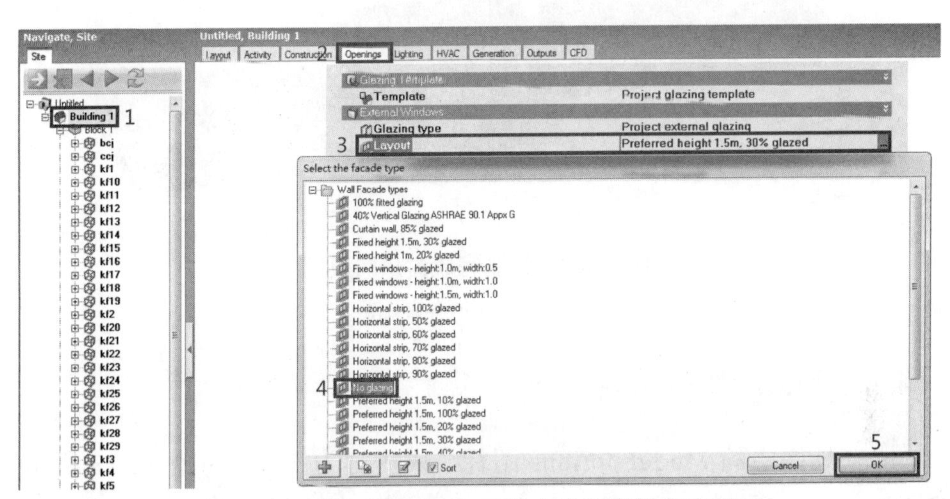

图 12.10　进入 Openings 面板去除自带的窗户界面

图片来源：软件界面截图上自绘

在左侧模型树面板中选择 kf1，并找到 kf1 的北墙面并双击，调整右上角的视角切换，将其切换为 Normal 视角。可通过工具栏中的 Place construction line 功能来确定一条或几条辅助线，以准确定位窗户的位置。绘制完成辅助线后，单击工具栏中的 Draw window 图标绘制窗户。本项目中为 kf1 的北墙面绘制了一个窗台高 1m 的 C1（2.5m×1.8m）窗户。完成窗户尺寸绘制后，如图 12.11 所示，单击上方标签栏中的 Openings 面板，将 External Windows 下面的 Glazing type 改为 C1，为 kf1 的北侧窗户赋予 C1 窗户的性能参数。

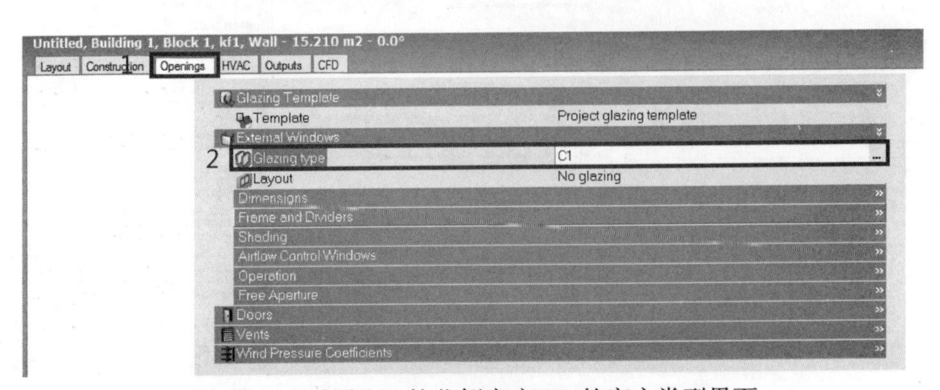

图 12.11　赋予 kf1 的北侧窗户 C1 的窗户类型界面

图片来源：软件界面截图上自绘

同理，添加建筑走廊两侧的窗户，赋予其 C2 窗户的性能参数。项目中性能参数和尺寸一致的窗户，可用复制的方式进行绘制，所有窗户绘制完成后的模型，如图 12.12 所示。

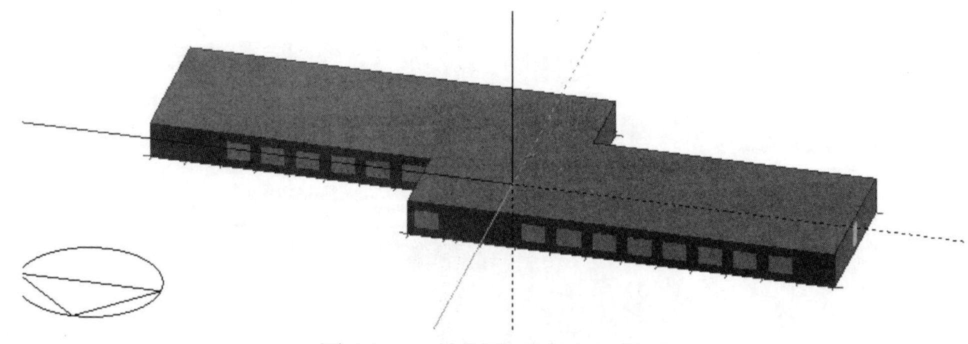

图 12.12 绘制完成窗户的模型

图片来源：软件界面截图

4. Lighting 照明情况设置

单击工具栏中的 Model options 图标，快捷键为 F11。如图 12.13 所示，展开 Gains data 选项，在 Lighting gain units 一栏中选择 1-Watts per m2，单击 OK 按钮。

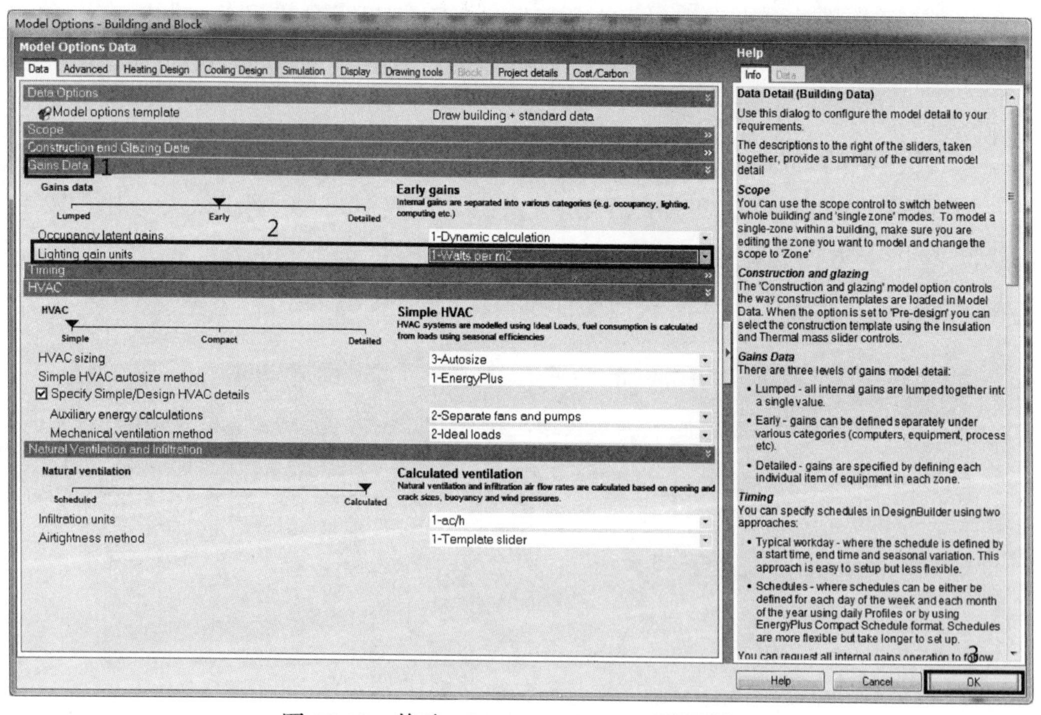

图 12.13 修改 Lighting gain units 设置界面

图片来源：软件界面截图上自绘

单击上方标签栏中的 Lighting 面板，单击 Template 一栏的 Reference，并先单击右侧帮助面板中的 Create copy of highlighted item 图标，后单击 Edit highlighted item 图标，创建并编辑新的照明模板。将客房的照明模板中的 Output 面板下的 Normalised power density 一栏设为 5，将卫生间的照明模板中的 Output 面板下的 Normalised power density 一栏设为 3。分别为模型中的客房、布草间加载 kf 照明模板，为模型中的卫生间、储藏间、楼梯间加载 wsj 照明模板。

5. HVAC 暖通空调系统设置

单击左侧模型树面板中的 Building1，选择上方标签栏中的 HVAC 面板，单击 HVAC Template 下的 Template 一栏，先复制初始设置再对其进行编辑。在 General 面板中修改它的名称为 kf。在 Ventilation 面板中，单击 Natural Ventilation 一栏下的 On 按钮，将 Rate 改为 0.7，并关闭 Mechanical Ventilation。如图 12.14 所示，单击进入 Heating and Cooling 面板，将 Heating 下的 Simple HVAC and Unitary Fuel 设为 1-Electricity from grid，Heating system CoP 一栏改为 1.9，将 Cooling 下的 Heating system CoP 一栏改为 2.3，单击 OK 按钮，就创建了客房的暖通空调系统模板。

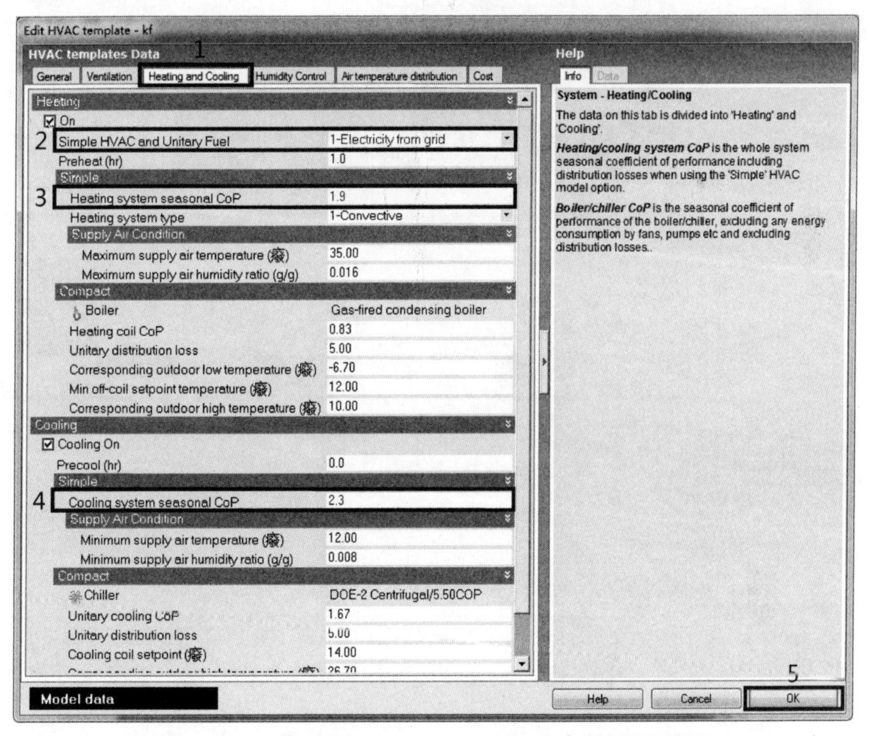

图 12.14　修改 Heating and Cooling 参数设置界面

图片来源：软件界面截图上自绘

单击工具栏中的 Load data from template 图标，在 Target 面板中，选中所有

的 bcj 和 kf。在 Load data 面板中，将 HVAC 改为 kf 模板，单击 OK 按钮，即已为客房和布草间赋予了 kf 模板的 HVAC 系统设置。同样，单击 Load data from template 为卫生间、楼梯间、储藏间赋予 None 模板。

6. 楼层的叠加

单击左侧模型树面板中的 Building1，单击进入 Construction 面板，勾选 Geometry，Area and Volumes 下的 Internal floor。在 Layout 面板中，选中所要叠加的对象后，对象会显示红色，单击工具栏中的 Clone selected object（s）图标，即可对相同的楼层进行叠加。

12.3.4　模拟及结果分析

1. 能耗模拟

单击下方标签栏中的 Heating design 面板，弹出一个对话框，单击 OK 按钮，计算机就开始进行最大热负荷的计算。图 12.15 为最大热负荷计算结果。

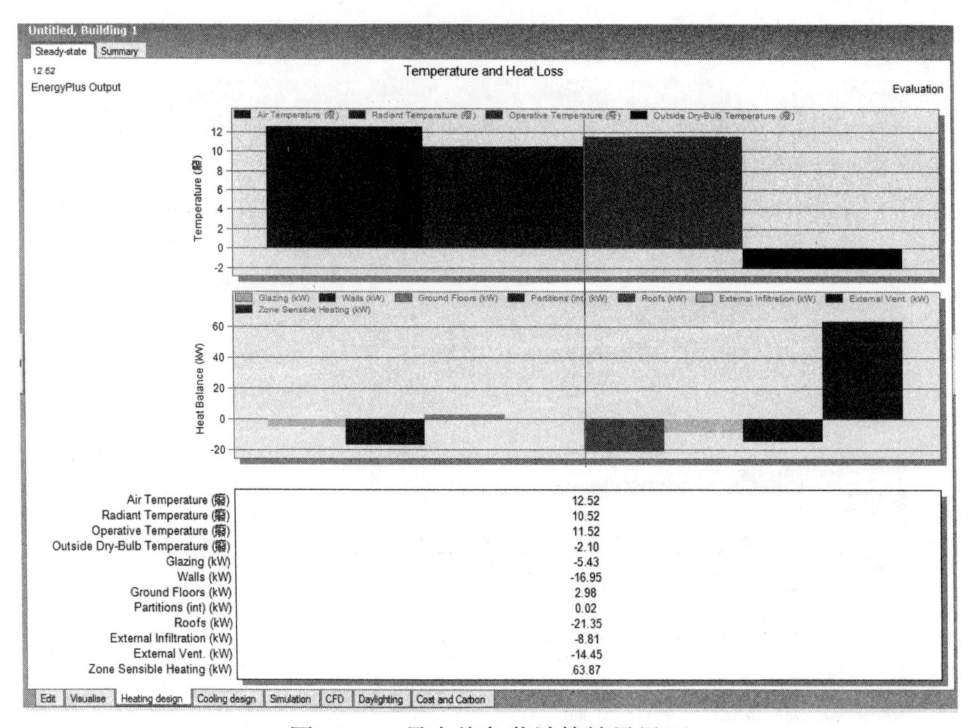

图 12.15　最大热负荷计算结果界面

图片来源：软件界面截图

单击下方标签栏中的 Cooling design 面板，弹出一个对话框，单击 OK 按钮，计算机就开始进行最大冷负荷计算。图 12.16 为最大热负荷的计算结果。

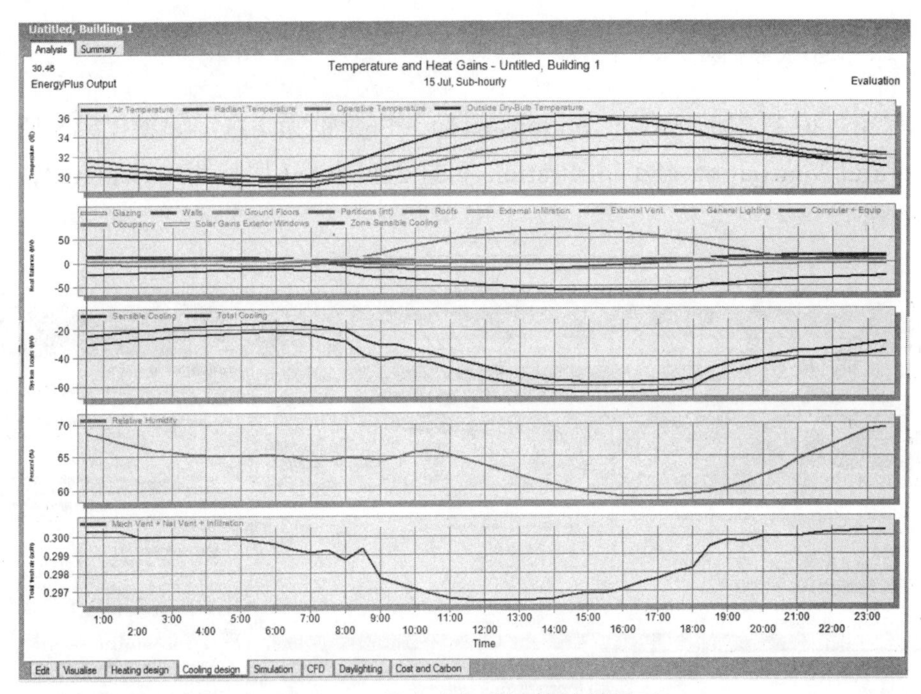

图 12.16　最大冷负荷计算结果界面

图片来源：软件界面截图

单击下方标签栏中的 Simulation 面板，弹出一个对话框，单击 OK 按钮，计算机就开始进行动态能耗模拟。图 12.17 为动态能耗模拟结果。

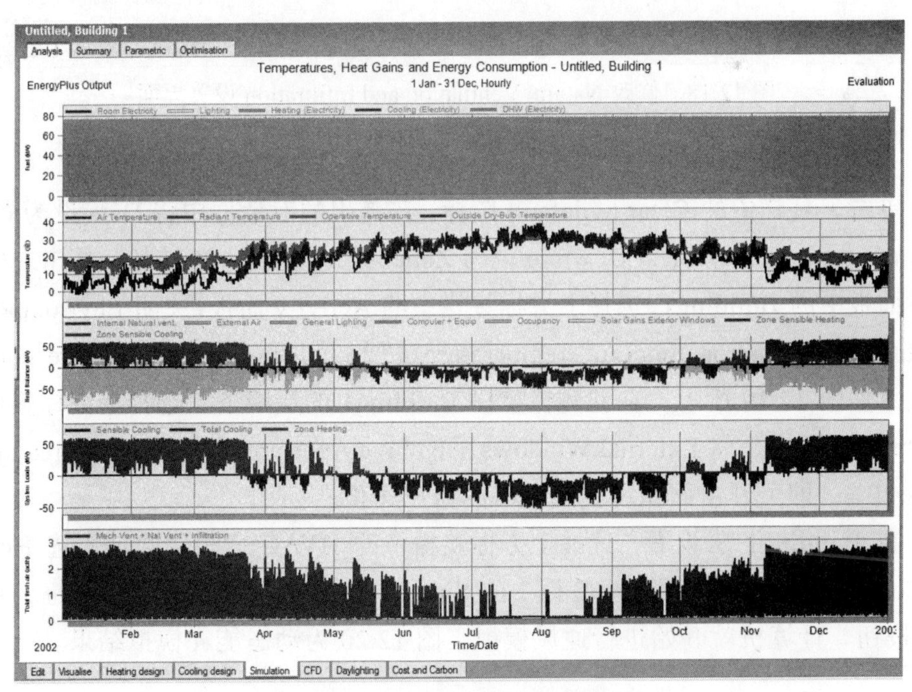

图 12.17　动态能耗模拟结果页面

图片来源：软件界面截图

2. 通风模拟

单击工具栏中的 Model options 图标，快捷键为 F11。如图 12.18 所示，将 Natural Ventilation and Infiltration 下的 Scheduled 切换为 Calculated，单击 OK 按钮。

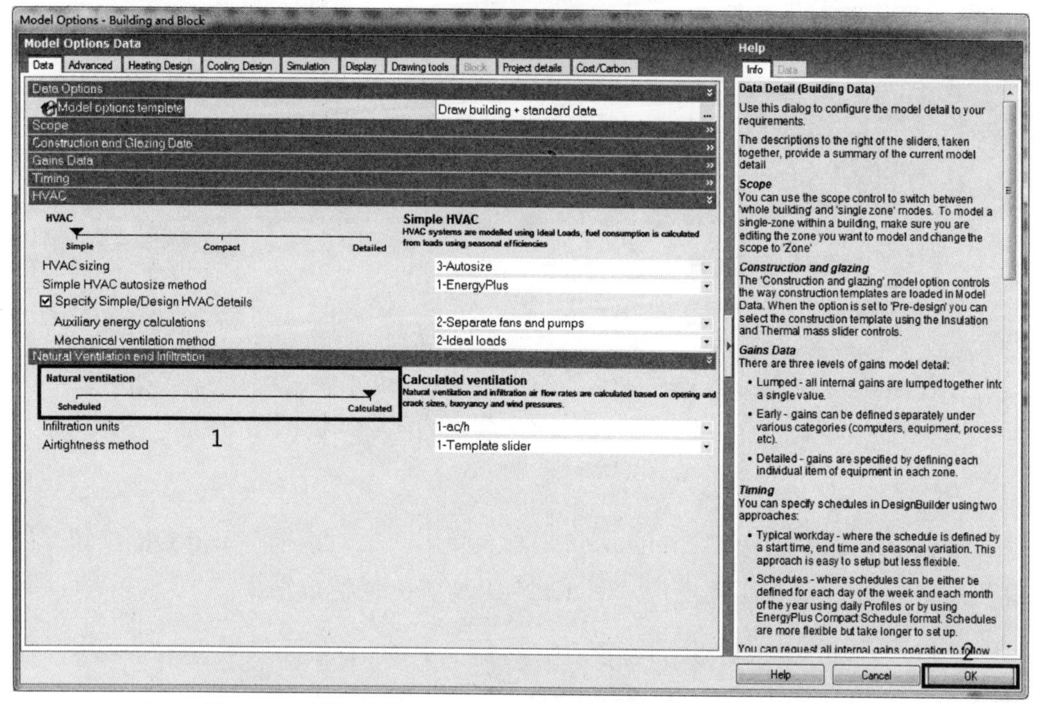

图 12.18 修改 Natural Ventilation and Infiltration 设置界面

图片来源：软件界面截图上自绘

单击工具栏中的 Clear to default 图标，在弹出的对话框中将 Data 设为 Clear custom openings，将 Clear Down to 设为 Zone level，单击 OK 按钮。单击左侧模型树面板中的 Building1，选择上方标签栏中的 Activity 面板，关闭 Environmental Control 下 Ventilation Setpoint Temperatures 里的 Indoor min temperature control 选项。如图 12.19 所示，在左侧模型树 Building1 的层级下，选择上方标签栏中的 Openings 面板，将 External Windows 下的 Free Aperture 里的 Glazing area opens 设为 20%，即可开窗面积设置为 20%的窗户面积。

在 Building1 层级下，选择上方标签栏中的 HVAC 面板，取消勾选 Heated 与 Cooled 选项。单击下方标签栏中的 Simulation 面板，弹出一个对话框，单击 OK 按钮，计算机就开始进行通风模拟。图 12.20 为动态能耗模拟结果。

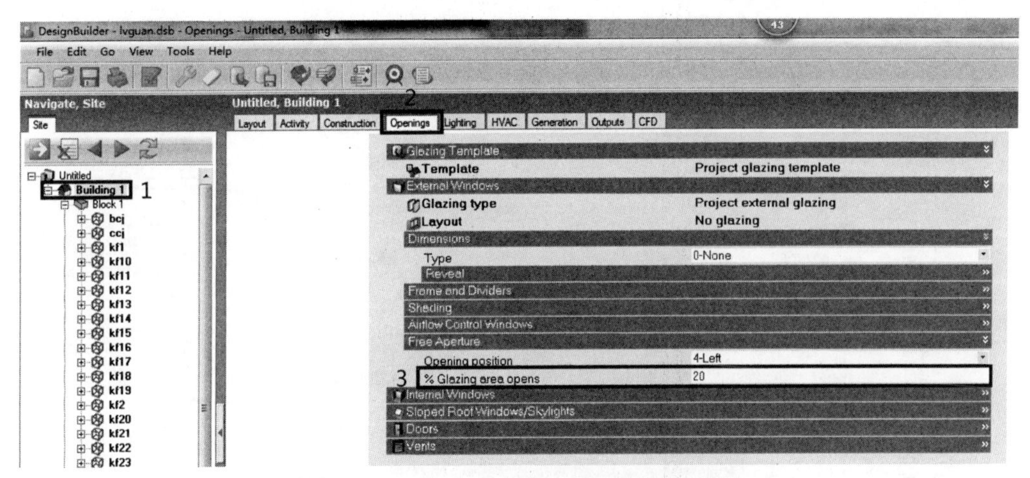

图 12.19　修改 Openings 面板设置界面

图片来源：软件界面截图上自绘

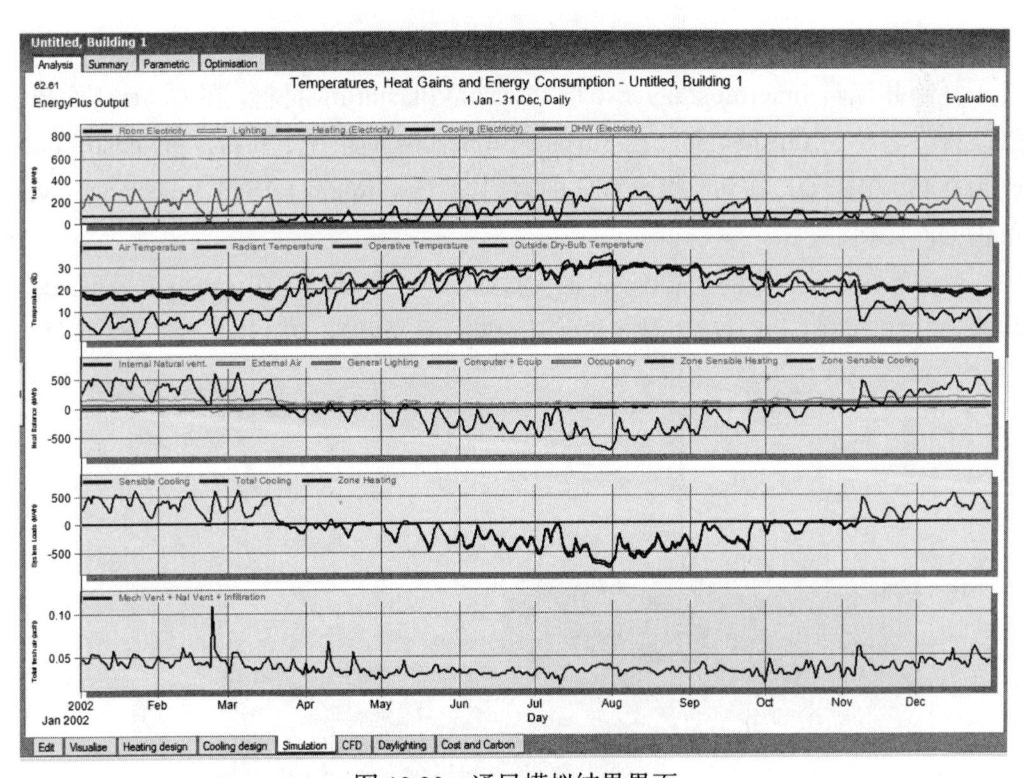

图 12.20　通风模拟结果界面

图片来源：软件界面截图

3. 采光模拟

单击工具栏中的 Add new block 图标，在菜单中选择 3-Compinent block，高度输入 25m，绘制周边环境。如图 12.21 所示，在 Construction 面板中对 waiqiang1.76 进行编辑。

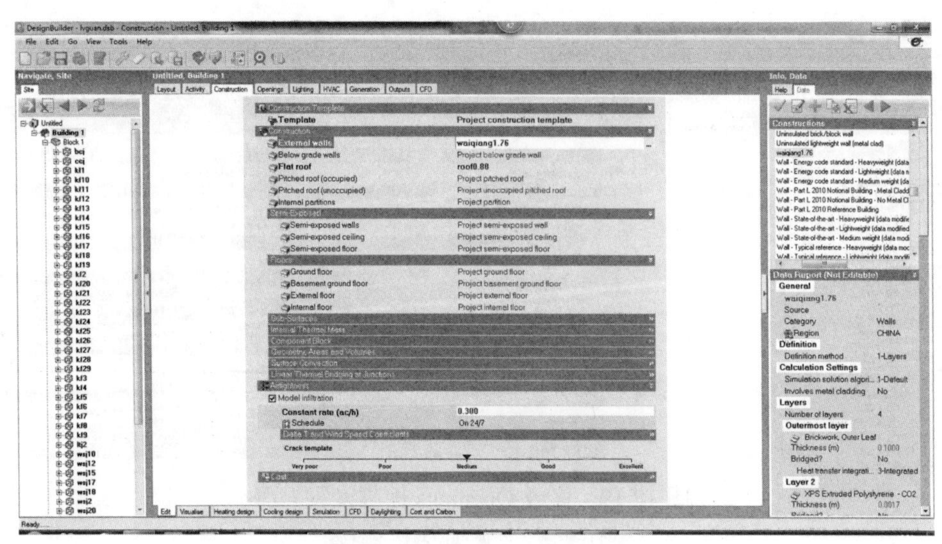

图 12.21　Construction 面板

图片来源：软件界面截图

复制并编辑 Innermost layer 下的 Gypsum Plastering 材料，在 General 面板里修改材料名称为 fanshe0.55。在 Surface properties 面板里，将 Visible absorptance 改为 0.45，单击 OK 按钮。将设置好的材料赋予 waiqiang1.76 的 Innermost layer，单击 OK 按钮。

单击下方标签栏中的 Simulation 面板，弹出一个对话框，在 Zenith illuminance 一栏输入 13500，单击 OK 按钮，计算机就开始进行采光模拟。图 12.22 为采光模拟结果。

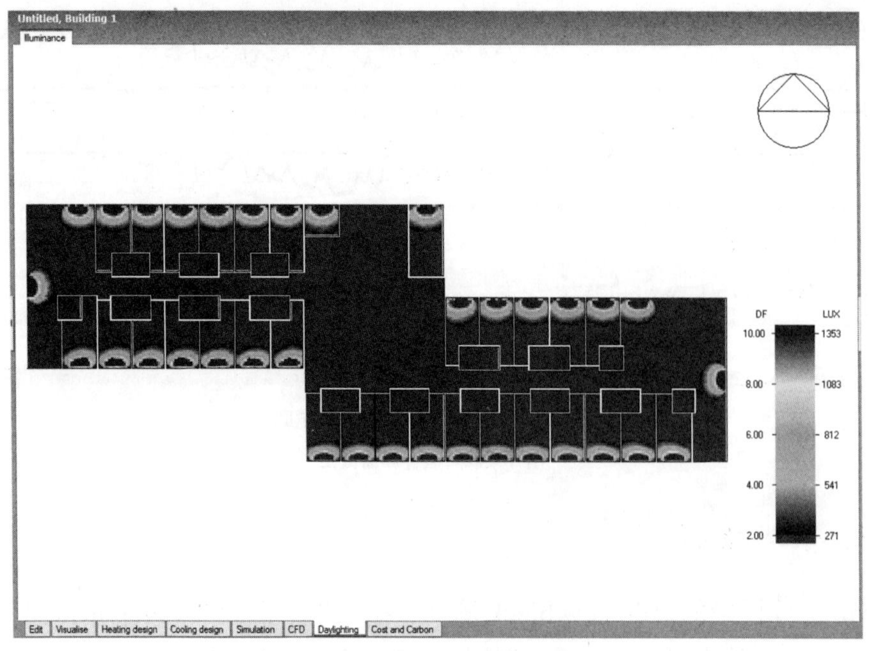

图 12.22　采光云图结果界面

图片来源：软件界面截图

参 考 文 献

[1] 上海飞熠. Design Builder 建筑能耗/采光/CFD 模拟软件介绍[EB/OL].（2017-05-02）[2005-09-01]. http://www.shanghaifeiyi.cn/products/Designbuilder/

[2] 郭辉，方进，徐玉党，等. 新武汉火车站建筑节能设计研究[C]//铁路暖通空调学术年会论文专辑. 2008.

[3] 程建杰，张小松，龚延风. 夏热冬冷地区不同玻璃类型幕墙对建筑能耗影响的模拟分析[J]. 建筑科学, 2009(8): 74-78.

[4] 戴洁，胡静，徐璐，等. 基于情景分析法的中国馆碳减排效益评估[J]. 中国人口资源与环境, 2012(2): 75-79.

[5] 孙贻昭，黄琼. 基于建筑性能分析的寒冷地区医院门诊部庭院空间形式研究[J]. 建筑学报, 2016(S2): 67-71.